自动控制原理与应用

主　编　张　燎

副主编　金文进　金佛荣　周小军

HEUP 哈尔滨工程大学出版社

内容简介

本教材按照"项目引领,任务驱动"的工学结合人才培养模式的要求,以典型的工作任务为载体,以培养分析能力为重点,以控制系统的分析为主线,结合多年的一线教学经验编写而成。

全书共分 6 个项目,其内容主要包含了自动控制系统的组成和工作原理、建立控制系统的数学模型、分析控制系统的常用方法、分析控制系统的基本性能、改善控制系统性能的途径和 MATLAB 在控制系统分析与仿真中的应用等。通过具体任务的实施,加强学生系统思维能力、逻辑思维能力和实践动手能力的培养。

每个项目有"项目目标、项目小结和项目习题",项目中的每个模块/任务都有"任务目标、任务描述、相关知识、任务实施过程和任务小结",通过对自动控制原理内容的梳理,使其条理更加清晰,分析过程更加细致,内容更加通俗易懂,具有较强的针对性,符合高职高专学生的教学现状。本书图文并茂,便于学生自学。

本书可供应用型本科及高职高专院校自动化类、电气类、机电一体化类和应用电子专业教学使用,也可供工程技术人员参考。

图书在版编目(CIP)数据

自动控制原理与应用/张燎主编. —哈尔滨:哈尔滨工程大学出版社,2014.2
ISBN 978 – 7 – 5661 – 0766 – 4

Ⅰ.①自…　Ⅱ.①张…　Ⅲ.自动控制理论
Ⅳ.①TP13

中国版本图书馆 CIP 数据核字(2014)第 023724 号

出版发行	哈尔滨工程大学出版社
社　　址	哈尔滨市南岗区东大直街 124 号
邮政编码	150001
发行电话	0451 – 82519328
传　　真	0451 – 82519699
经　　销	新华书店
印　　刷	肇东市一兴印刷有限公司
开　　本	787mm × 1 092mm　1/16
印　　张	14.25
字　　数	362 千字
版　　次	2014 年 2 月第 1 版
印　　次	2014 年 2 月第 1 次印刷
定　　价	29.00 元

http://www.hrbeupress.com
E-mail:heupress@ hrbeu.edu.cn

前　　言

随着我国高等职业教育的不断发展,国内一些高职院校率先采用了"基于工作过程的项目化教学方法",比较成功地解决了高等职业教育课程改革中的一些难题,编者根据这一发展趋势,结合高职学校学生实际状况,编写了《自动控制原理与应用》项目化教材。

高职"自动控制原理"课程是电气自动化、机电一体化、计算机控制和应用电子等专业的核心课程,在课程体系中占有重要的位置,但由于该课程比较抽象,对数学、物理和专业基础课的要求较高,学生不容易掌握,增加了教师授课的难度。为此,根据专业岗位技术技能的需要,在保证知识够用的前提下,按照"项目引领,任务驱动"的教学理念,以培养学生的分析能力和实践能力为主线,结合编者多年的工程经验和一线教学实践,对课程的内容、教学方法进行了全面的改革和设计,精心组织了六个教学项目,加强了实践环节的教学,使教材的分析思路和分析过程更加清晰、更加贴近工程实际,突出了教材的高职教育特色。

全书共分六个项目:

项目1介绍了自动控制系统有关的基本概念,着重培养学生对实际控制系统的组成和工作原理的分析能力。

项目2以传递函数和结构框图为重点,介绍了控制系统的数学模型,通过简单任务的实施,初步培养学生的建模能力,为学生后续学习打下基础。

项目3以绘制 Bode 图为主线,介绍了时域分析法和频率特性法,培养学生 Bode 图绘制的能力,为系统分析和改善系统性能奠定基础。

项目4介绍了稳定性、稳态性能和动态性能分析等内容,以分析思路和分析过程为切入点,较为细致地介绍了系统性能分析的全过程,强化学生系统思维和系统分析能力的培养。

项目5以串联校正为重点,介绍了串联校正、反馈校正和顺馈补偿等改善系统性能的措施和工程方法,培养学生解决问题的能力。

项目6为综合实训项目,通过利用 MATLAB 软件,进行系统分析和仿真,加深学生对控制系统有关概念的理解,进一步强化学生提出问题、分析问题和解决问题的能力。

在教材编写过程中,甘肃天水红山试验机有限公司正高级工程师张建卫、天水电气传动研究所有限公司高级工程师马双富、甘肃工业职业技术学院副教授薛岩和杨轶霞等同志为教材的编写提出了许多宝贵意见,在此表示衷心感谢。

编者在编写的过程中虽然耗费了大量精力,但由于水平有限,书中难免出现疏漏和错误,恳请广大读者批评指正,以期修订更新。

编　者

2013 年 11 月 20 日

目　录

项目1 自动控制系统的组成与工作原理

项目目标

【知识目标】

1.掌握自动控制系统的基本概念。

2.掌握自动控制系统的组成与工作原理。

3.了解自动控制系统的分类。

4.掌握自动控制系统的基本要求及指标。

【能力目标】

1.具备分析自动控制系统组成、工作原理的能力。

2.具备绘制自动控制系统控制框图的能力。

项目描述

自动控制技术是控制理论的技术实现与应用,是自动化技术的核心。自动控制技术是20世纪发展最快、影响最大的技术之一,也是21世纪最重要的高新技术之一。自动控制技术自20世纪中叶以来逐渐在工、农业生产、交通运输、国防和宇航等领域发挥越来越大的作用。所谓自动控制,就是在没有人直接参与的情况下,利用外加的设备或装置(控制装置),使机器、设备或生产过程(控制对象)的某个工作状态或参数(被控量)自动按照预定的规律运行。

自动控制系统是指能够对被控对象的工作状态进行自动控制的系统。它是控制对象以及参与实现其被控制量自动控制的装置或元部件的组合,一般由控制元件和被控对象组成,它包括三种元件:反馈元件、比较元件、执行元件。自动控制系统可分为开环控制系统和闭环控制系统,控制系统是由一定的物理元件组成的,这些元件按照既定的原理进行工作,完成相应的控制任务。

通过本项目的知识学习和能力训练,掌握自动控制系统的基本概念、组成、调节原理和系统控制框图的绘制方法,形成相应的分析能力,为后续项目的学习打下基础。

任务1 认识自动控制系统

任务目标

【知识目标】

1.掌握开环控制和闭环控制的概念。

2.掌握开环控制系统和闭环控制系统的概念。

3.了解开环控制系统和闭环控制系统的优缺点。

【能力目标】

初步具备分析系统的组成及工作原理的能力。

自动控制系统的类型较多,如果按照系统是否设有反馈元件来对系统进行分类,就有开环控制系统和闭环控制系统,未设有反馈元件的系统是开环控制系统,反之则为闭环控制系统。通过对典型实际系统的学习,掌握开环控制和闭环控制的概念,掌握自动控制系统的控制任务、组成和原理,并了解开环控制系统和闭环控制系统各自的优缺点。本书所涉及的控制系统中,检测元件(或测量变送元件)均称为反馈元件。

一、开环控制和闭环控制的概念导入

在人骑自行车行驶的过程中,大脑、眼睛、手臂等器官与自行车构成了自动控制系统。自行车偏离预定方向的偏差会被眼睛观察到,并反馈到大脑,与大脑事先确定的位置进行比较,形成了自行车偏差及偏差纠正的指令,然后通过神经系统将指令发送给手臂,手臂执行大脑指令,修正自行车偏差。在这个系统中,眼睛起到了"连接大脑和自行车的作用",是反馈元件(测量与变送元件),这样人与自行车组成了闭合的控制系统,人对自行车的控制就是闭环控制。如果用一块不透明的布条遮挡眼睛,自行车的运动与大脑的联系便中断,自行车偏离预定方向的偏差将无法纠正,偏差可能越来越大,人对自行车的控制是开环控制。因此,设有反馈元件的系统称为闭环控制系统,未设反馈元件的系统称为开环控制系统。

二、认识开环控制系统

(一)开环控制系统的概念

开环控制系统是指系统的输出量不参与控制,对控制过程无影响的系统。系统中信号的传递具有单向性,控制作用直接由系统的输入产生,输出量对系统的控制作用不发生影响,没有形成一个闭合的回路。

(二)典型开环控制系统

步进电机被广泛应用到各种自动化设备中,是机电一体化的关键产品之一。如果没有特殊要求,步进电机一般采用开环控制,步进电机控制系统的原理见图 1-1。

1. 系统的控制任务

该系统的控制任务是控制负载的位移和运动速度,按照控制器给定的规律变化。负载的位移可以是角位移或线位移(如数控车床工作台移动的距离),运动速度可以是角速度或线速度(如数控机床工作台的移动速度)。

2. 系统的工作原理

在图 1-1 中,控制器(PLC 或单片机)主要用来产生控制电机的脉冲指令信号,是指令的给定元件,步进电机驱动器的作用是对控制器发送过来的控制脉冲进行环形分配、功率放大,使步进电机绕组按一定顺序通电,控制电机转动,是指令的放大元件,放大后的环型

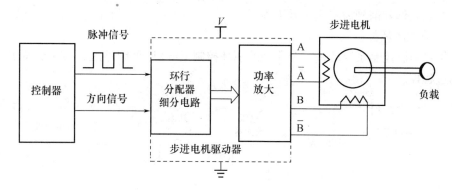

图1-1　步进电机开环控制系统原理图

脉冲驱动步进电机带动负载转动,因此,步进电机为执行元件,负载为控制对象,负载产生的角位移或线位移不被引入到控制器中,不参与控制,一旦由于负载发生变化而产生误差,系统就无法纠正。将系统中的每个物理部件都用方框抽象表示,则可将步进电机控制系统的原理图转化为控制框图(见图1-2)。

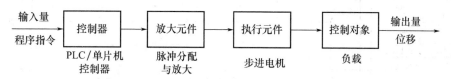

图1-2　步进电机控制系统控制框图

3.开环控制系统的特点及应用场所

优点:系统不设反馈元件,其优点是系统结构简单,稳定性好,成本较低。

缺点:当系统受到扰动影响时,系统的输出量偏离希望值而产生误差,这个误差系统无法自动补偿。因此,开环控制系统抗干扰能力较差。一般开环控制系统的控制精度不是很高。如果采用高精度的部件,开环控制系统也可以达到较高的控制精度,但系统的成本将大幅升高。

应用场所:当系统的输入量和输出量之间的关系固定,而且系统所受干扰的变化规律和量值已知,且能够采用补偿装置消除因干扰产生的误差时,则尽量用开环控制系统,因此,该系统适用于结构与参数稳定、干扰很弱或对被控量要求不高的场合,如家用电风扇的转速控制,自动洗衣机、包装机以及某些自动化流水线等。当干扰未知时,则尽量用闭环控制系统。

三、认识闭环控制系统

(一)闭环控制系统的概念

若系统的输入量通过反馈元件(测量元件)引入到系统的输入端,参与系统的控制,输出量对系统的控制有明显影响,这样的系统称为闭环控制系统。由于设有反馈元件,闭环控制系统也被称为反馈控制系统。

在反馈控制系统中,系统的输出量经过反馈元件引入到系统的输入端,与系统的输入量进行比较,形成偏差信号,反馈控制系统就是按照偏差信号进行控制和调节的,系统调节结束的标志是偏差信号为零或接近于零。

(二)典型闭环控制系统

电炉箱恒温控制系统就是一个典型的闭环控制系统(原理图见图1-3),经常用于工业生产的过程控制。

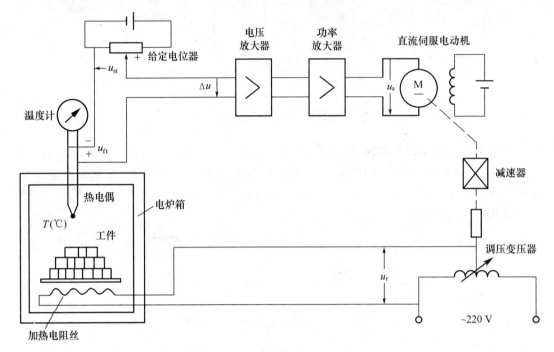

图1-3　电炉箱恒温控制系统示意图

1. 系统的控制任务

该系统的控制任务就是保持电炉箱内的温度恒定,确保工件的热处理质量。

2. 系统的工作原理

由图1-3可以看出,当炉壁散热和增、减工件时,会使炉内温度发生变化,温度的变化被热电偶传感器检测,并将温度转化为电压信号,这个电压就是反馈电压u_{ft},反馈电压u_{ft}被热电偶反馈到系统的输入端,与系统的输入量u_{st}(u_{st}也被称为控制量,它由给定电位器给出)进行比较,产生偏差电压Δu($\Delta u = u_{st} - u_{ft}$)。由于是采用负反馈控制,因此$u_{st}$和$u_{ft}$两者的极性相反,偏差电压$\Delta u$经电压放大和功率放大后($\Delta u$的数量级比$u_{st}$和$u_{ft}$还要小),去驱动直流伺服电动机M(控制电动机电枢电压),电动机经减速器带动调压变压器的滑动触头,来调节电炉丝两端的电压u_r,进而改变炉温T(系统的输出量或被控制量)。当炉温T达到预定温度时,系统的输入电压和反馈电压相等,偏差电压Δu为零或接近于零,电机停止转动,系统的调节过程结束,进入了稳定运行状态。由于有些工件进行热处理时,对温度要求较高,因此电炉箱恒温控制系统采用了闭环控制。

在电炉箱恒温控制系统中,热电偶是反馈元件,它将系统的输出量(温度T)引入到系统的输入端,使系统的输出量参与了控制,从而形成了一个闭环的控制回路。将图1-3中的各物理部件用方框抽象表示,则系统的原理图转化为控制框图(见图1-4)。

3. 系统的调节过程

由图1-4电炉箱恒温控制系统控制框图可分析系统的调节过程,当系统受到干扰(如

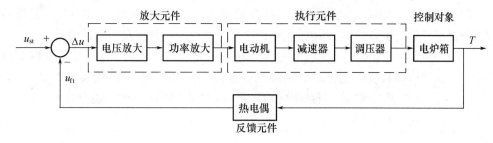

图 1-4 电炉箱恒温控制系统控制框图

炉门打开、环境温度变化、电网电压变化)时,电炉箱内的温度都会升高或降低,图1-5是温度降低时的系统自动调节过程。

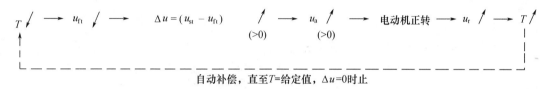

图 1-5 系统的调节过程示意图

4. 闭环控制的优缺点和应用场所

优点:闭环控制(或反馈控制)可以自动进行补偿系统输出量偏离预定值的偏差,这是闭环控制的一个突出的优点。

缺点:闭环控制要增加反馈、比较、调节器等部件,会使系统结构复杂、成本提高。而且闭环控制会带来副作用,使系统的稳定性变差,甚至造成不稳定,这是采用闭环控制时必须重视并要加以解决的问题。

应用场所:闭环控制系统应用于控制要求较高的场合,如跟踪系统、闭环直流调速系统、中央空调等。

 **任 务 小 结**

1. 开环控制和闭环控制最大的区别是开环控制系统没有反馈元件,而闭环控制系统设有反馈元件。闭环控制系统具备自我调节的能力,而开环控制系统不具备自我调节的能力。

2. 闭环控制系统是按照偏差进行控制的。当偏差为零或接近于零时,系统的调节结束,执行元件停止动作,系统的输出量将不会变化,或变化比较小。控制系统就是要对被控对象的行为进行控制,按照预定的规律运动。

3. 开环控制系统的控制准确程度不一定比闭环控制系统的准确程度低,这主要取决于开环控制采用的部件及其制造精度,还有系统的安装调试、所采用的控制方法等。

4. 分析闭环控制系统工作原理的基本步骤为:

(1)明确系统的控制任务。如电炉箱恒温控制系统的任务是要保持温度的恒定。

(2)明确系统中每个部件的用途、功能和作用及相互之间的联系。主要明确各部件输入端是什么物理量,输出端是什么物理量,各物理量之间的关系是什么。

(3)分析系统的结构。首先要找出被控对象和产生控制指令的部件(也就找到了输入端和输出端),然后按照从"控制对象→反馈元件→比较元件→给定元件→放大元件→执行元件→控制对象"的次序分析系统的结构,找出各元件中的物理量之间的关系。

(4)分析系统的调节过程。现有教材在分析系统的调节过程时,大多都假设控制对象或系统中其他部件参数发生变化时的一种调节过程分析,这种调节是被动调节,实际上还有主动调节过程(控制的作用),当系统的输入量(控制量)发生变化时,也存在调节过程,其分析方法同被动调节是一样的。

任务2 认识自动控制系统的基本组成

【知识目标】

1. 掌握自动控制系统的基本组成。

2. 掌握自动控制系统中的输入量、中间量、扰动量和输出量的作用。

【能力目标】

1. 具备分析系统各元件功能的能力。

2. 初步具备根据控制系统原理图绘制控制框图的能力。

自动控制系统是由物理元件组成的,它们在系统中具有不同的功能,完成不同的任务,这些元件均有各自的输入量和输出量。通过本任务的学习,明确系统的组成及各元件、各物理量所起的作用,为分析系统的工作原理打好扎实的基础。

一、系统的基本组成

现以图1-3所示的电炉箱恒温控制系统为例说明控制系统的组成及术语。为便于分析和说明问题,用每一个小方框代表自动控制装置和控制对象的一个部件或几个部件的组合,并用箭头标明各作用量的传递情况,用这种方法画出的框图就是控制框图。在电炉箱恒温控制系统原理框图的基础上,画出图1-6所示的闭环控制系统基本组成框图。由图1-6看出,自动控制系统主要由以下元件组成:

(一)给定元件。由它产生系统的输入量(此处为 u_{st}),并调节系统的输出量的大小,此处为给定电位器。

(二)反馈元件。用来测量系统的输出量(此处为温度 T),把物理参数(如液位、温度、压力、流量等)转换成某种便于远距离传送,并与输出量成比例(或某种确定的函数关系)的测量信号(此处为 u_{ft})。

(三)比较元件。在模拟控制系统中一般为运算放大器,数字控制系统中一般为计算机(PC 机、单片机或 PLC),其作用是将反馈信号与输入量进行叠加,形成偏差信号(此处为 Δu)。反馈量信号的极性用"+"或"-"表示,若为正反馈则两信号的极性相同,若为负反

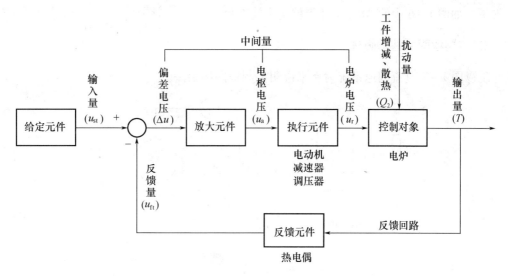

图 1-6 自动控制系统的组成框图

馈则两信号的极性相反。

（四）放大元件。放大偏差信号,偏差信号(此处为 Δu)一般很小,不能驱动执行元件,因此需要放大。此处为晶体管放大器或集成运算放大器。

（五）执行元件。此处为伺服电动机、减速器和调压器,其作用是驱动或操纵控制对象按照预定的要求运行。

（六）控制对象。被控制的生产过程或设备称为控制对象(被控对象,受控对象),此处为电炉。

在控制框图中,各个元件的排列,通常将给定元件放在最左端,控制对象排在最右端,输入量在最左端,输出量在最右端。从左至右(即从输入至输出)的通道称为顺馈通道或前向通路,将输出信号引回输入端的通道称为反馈通道或反馈回路。

开环控制系统与闭环控制系统的组成区别是前者没有反馈元件,其他元件基本相同。

二、系统的各种作用量和被控制量

（一）输入量。又称控制量或参考输入量,输入量的角标常用 r(或 i)表示。通常由给定电压信号构成,或通过反馈元件(测量元件)将非电物理量转换为电信号。如图 1-6 中的 u_{st}。

（二）输出量。又称被控制量,输出量角标常用 c(或 o)表示。它是被控制对象的输出,是控制的目标,如图 1-6 中的电炉温度 T。

（三）反馈量。通过反馈元件将输出量转变成与给定信号性质相同且数量级相同的信号,如图 1-6 中,电炉的温度 T(输出量)通过热电偶转换为反馈电压 u_{ft}。反馈量的角标常以 f 表示。

（四）扰动量。又称干扰或"噪声",所以扰动量的角标常以 d(或 n)表示。它的作用是破坏系统的输入量和输出量之间的确定关系。实际上它是一种不希望出现的输入量。

（五）中间变量。它是系统各环节之间的作用量。前一环节的输出量,也是后一环节的输入量。如图 1-6 中的 $\Delta u, u_a, u_r$ 等就是中间变量。

三、控制框图的基本画法

现以图 1-7 直流调速系统为例来说明控制框图的画法。

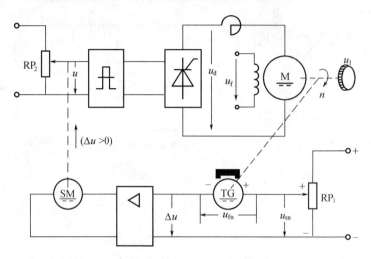

图 1-7 直流调速系统原理图

（一）根据系统的控制任务,先找出控制对象和系统的输出量,同时根据控制对象可能受到的主要干扰,找出扰动量。直流调速系统的控制任务是保持直流电机 M 的转速恒定,由此可以确定直流电机 M 就是控制对象,系统的输出量为电机的转速 n,引起转速变化的主要因素一般来说是负载力矩的变化,负载阻力矩 T_L 就是扰动量。

（二）根据部件功能的分析和连接方式,找出反馈元件。反馈元件的输入端连接控制对象,输出端连接比较元件,结合部件的功能,就可以找出反馈元件。直流电动机 M 的输出轴连接了负载,也连接了测速电机 TG。测速电机用以测量直流电机 M 的转速变化,测速电机就是反馈元件,它将转速的变化成比例地转化为电压的变化,并反馈到系统的输入端,这个电压就是反馈量(反馈电压 u_{fn})。

（三）反馈元件的输出端连接比较元件,从而找出比较元件,通过物理量之间关系的分析,也能找出给定元件。测速电机 TG 的输出端与运算放大器连接,运算放大器的输入端子有两个信号:一个是反馈电压 u_{fn},另一个是给定电压 u_{sn}(系统的输入量)。两个电压在运算放大器中进行差的运算,形成了偏差电压 $\Delta u (\Delta u = u_{sn} - u_{fn})$,因此,运算放大器就是比较元件。

（四）比较元件的输入端与系统的给定元件相连,同时也与放大元件相连,由此可找出给定元件和放大元件。运算放大器对偏差信号进行放大,放大后的电压直接施加到伺服电动机 SM 的电枢,由此可知运算放大器是放大元件。同时还可看出运算放大器的输入端还与电位器 RP_1 相连,因此,RP_1 为给定元件,它输出的电压 u_{sn} 为系统的输入量。

（五）根据系统的连线方式,控制对象的输入端和执行元件的输出端相连,以此可以确定执行元件。偏差电压 Δu 经运算放大器放大后,直接施加到直流伺服电机 SM 的电枢上,伺服电机的轴再带动电位器 RP_2 的滑臂移动,从而改变触发器的输入电压 U,这样触发器开始动作,来控制整流电路的输出电压 u_d,u_d 成为直流电机 M 的电枢电压(电机的输入量),

用以控制电机 M 改变转速和转动方向,由此可看出,伺服电机 SM、电位器 RP_2、晶闸管触发电路和整流电路组成了执行元件,用以操纵控制对象(为直流电机 M)。

(六)找出系统的中间量,即上一环节的输出量就是下一环节的输入量关系。系统中的各物理量的传递关系为: $u_{sn} \rightarrow \Delta u (\Delta u = u_{sn} - u_{fn}) \rightarrow u \rightarrow u_d \rightarrow n \rightarrow u_{fn}$。

(七)进行连线,将各元件的框图连接在一起,并在连接线上标出系统中的各物理量,在元件的方框中标出元件的实际名称。在各元件方框的上部或下部标出各元件的理论定义的名称。直流调速系统的控制框图见图1-8。

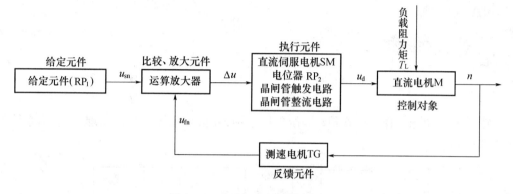

图1-8 直流调速系统的控制框图

1. 自动控制系统由给定元件、比较元件、放大元件、执行元件、控制对象和反馈元件等组成。如果考虑到系统的校正和顺馈补偿,系统还有校正元件和补偿元件。现在的控制系统基本为数字控制系统,单纯的比较元件已不复存在,比较元件一般为计算机(PC 机、单片机或 PLC)。

2. 系统中的物理量主要有输入量、输出量、扰动量、反馈量和中间量。

3. 分析控制系统的组成,要按照正确的步骤进行,同时还要对系统中各个部件的功能和作用熟悉,搞清楚系统的组成后,可画出系统的控制框图,这样便于分析系统的工作原理和调节过程。

任务3 分析实际自动控制系统的组成与工作原理

【知识目标】

1. 掌握实际控制系统的组成。

2. 掌握实际控制系统的工作原理及说明书的使用。

【能力目标】

1. 具备分析实际控制系统组成的能力。

2. 具备分析实际控制系统工作原理的能力。

3.具备绘制实际控制系统原理图和控制框图的能力。

任务描述

通过观看实际自动控制系统的工作过程,对照实际系统的部件,查看技术说明书,可以画出系统的原理图和控制框图;分析实际控制系统的组成与原理,培养学生的实际分析能力,加深对自动控制系统有关概念的理解,增强学习兴趣,有利于后续课程的学习。本任务可根据实验室配备的情况实施。现以机床工作台位置随动系统为例,分析说明自动控制系统的组成和工作原理。

任务实施

一、任务

图1-9为机床工作台位置随动系统的原理图,分析该系统的工作原理,并画出系统的控制方框图。

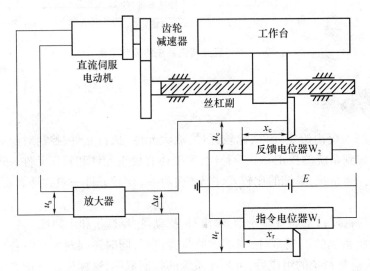

图1-9 机床工作台位置随动系统的原理图

二、任务实施过程

(一)系统的组成

机床工作台位置随动系统的控制任务是控制工作台的位置,使之按指令电位器给出的规律运动。由此可知,工作台就是控制对象。

1. 系统的组成元件

(1)指令给定元件——指令电位器 W_1。

(2)反馈元件——反馈电位器 W_2。

(3)比较元件——桥式电路。

(4)放大元件——放大器。

(5)执行元件——直流电机 + 齿轮减速器 + 丝杠副。

（6）控制对象——工作台。

2. 系统中的主要物理量

（1）系统的输出量——工作台的位移 X_c。

（2）系统的输入量——工作台的给定位置电压 u_r。

（3）反馈量——反馈电压 u_c。

（4）中间量——放大器输出电压 u_a，电动机轴角位移 θ_m，丝杠副转动位移 θ_c。

（二）系统的工作原理

由图 1-9 可看出，通过指令电位器 W_1 的滑动触点给出工作台的位置指令 X_r，并转换为控制电压 u_r。工作台（控制对象）的位移 X_c 由反馈电位器 W_2 检测，并转换为反馈电压 u_c，两电位器连接成桥式电路。当工作台位置 X_c 与给定位置 X_r 有偏差时，桥式电路的输出电压为 $\Delta u = u_r - u_c$。设开始时指令电位器和反馈电位器滑动触点都处于左端，即 $X_r - X_c = 0$，则 $\Delta u = u_r - u_c = 0$，此时，放大器无输出，直流伺服电动机不转动，工作台静止不动，系统处于平衡状态。当给出位置指令 X_r 时，在工作台改变位置之前的瞬间，$X_r = 0$，$X_c = 0$，则电桥输出为 $\Delta u = u_r - u_c = u_r - 0 = u_r$，该偏差电压经放大器放大后控制直流伺服电动机转动，直流伺服电动机通过齿轮减速器和丝杠副驱动工作台右移。随着工作台的移动，工作台实际位置与给定位置之间的偏差逐渐减小，即偏差电压 Δu 逐渐减小。当反馈电位器 W_2 滑动触点的位置与指令电位器滑动触点的给定位置一致时，电桥平衡，偏差电压 $\Delta u = 0$，伺服电动机停转，工作台停止在由指令电位器给定的位置上，系统进入新的平衡状态。当给出反向指令时，偏差电压极性相反，伺服电动机反转，工作台左移，当工作台移至给定位置时，系统再次进入平衡状态。如果指令电位器滑动触点的位置不断改变，则工作台位置也跟着不断变化。

（三）绘制系统的控制框图

控制系统的任务是控制工作台的位置，使之按指令电位器给出的规律运动；系统的被控对象为工作台；输出量为工作台的位置；反馈元件是反馈电位器 W_2，它将工作台的位置 X_c 转变为相应的电压量 u_c；系统的给定装置为指令电位器 W_1，其输出电压 u_r 作为系统的参考输入量，以确定工作台的希望位置；系统的偏差为 Δu，即工作台的希望位置与实际位置之差，由 u_r 和 u_c 计算得到（$\Delta u = u_r - u_c$）；系统的执行机构为直流伺服电动机、齿轮减速器和丝杠副。此机床工作台位置随动系统的控制过程可用如图 1-10 所示方框图表示。

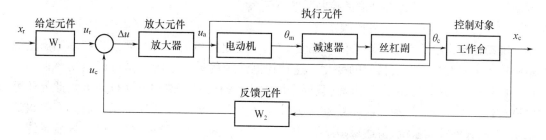

图 1-10　机床工作台位置随动系统的控制框图

在分析实际控制系统的过程中，要首先熟读系统的技术说明书，理清系统的组成、工作

过程、连线方式,然后对照系统,找到有关实物,在此基础上,观察和分析各部件的运动情况。这样有利于学生建立系统的概念、掌握系统的组成和工作原理、加深有关概念的理解;更主要的是培养了学生的分析能力和观察能力。

任务4　自动控制系统的分类

1. 掌握自动控制系统"按输入信号变化的规律分类"和"按系统传输信号对时间的关系分类"的内容。

2. 了解自动控制系统的其他分类。

随着控制理论及其技术的发展,新的控制系统不断出现,实际控制系统的类型比较多,对其进行合理科学的归类,有利于学生掌握控制系统和分析控制系统。本任务采用比较通用的控制系统分类方法,对系统进行了分类,以便认识各类系统的特点。

自动控制系统由于控制任务、使用要求、成本等因素,导致采用的技术不同,控制系统分类方法也不相同,而且不论采用何种分类方法,分类之间的系统总有重叠,各个分类之间没有严格的界限。

一、按输入信号变化的规律分类

（一）恒值控制系统

恒值控制系统的特点是系统的输入信号是恒定值,并且要求系统的输出量相应地保持恒定。恒值控制系统是最常见的一类自动控制系统,如自动调速系统、恒温控制系统、液位控制系统、恒张力控制系统等。此外许多恒压（液压）、稳压（电压）、稳流（电流）、恒频（电频率）的自动控制系统也都是恒值控制系统。

（二）随动控制系统（又称伺服系统）

随动控制系统的特点是输入信号是变化的（有时是随机的）,并且要求系统的输出量能跟随输入量的变化而作出相应的变化。这种控制系统的另一个特点是可以用功率很小的输入信号操纵功率很大的工作机械（只要选用大功率的功放元件和电动机即可）,此外还可以进行远距离控制。随动控制系统在工业和国防上有着极为广泛的应用。例如刀架跟随系统、自动火炮控制系统、雷达跟踪系统、机器人控制系统、自动驾驶系统、自动导航系统和工业生产中的自动测量仪器等。

（三）程序控制系统

程序控制系统与随动控制系统的不同之处是它的给定输入信号不是随机不可知的,而是按事先预定的规律变化。这类系统往往适用于特定的生产工艺或生产过程,按所需要的控制规律给定输入,并要求输出按预定的规律变化,这类系统多用于工业生产的过程控制。

设计此类系统比随动控制系统有针对性。由于变化规律已知,可根据要求事先选择方案,保证控制性能和精度。在工业生产中广泛应用的程序控制系统有仿形控制系统、机床数控加工系统、太阳能跟踪系统(日历控制类型)等。

二、按系统传输信号对时间的关系分类

(一)连续控制系统

连续控制系统的特点是各元件的输入量与输出量都是连续量或模拟量,所以又称为模拟控制系统。如图 1 - 3 所示的电炉箱恒温控制系统就是连续控制系统。连续控制系统的运动规律通常可用微分方程来描述。

(二)离散控制系统

离散控制系统又称采样数据控制系统,特点是系统中有的信号是脉冲序列、采样数据量或数字量。通常采用数字计算机控制的系统都是离散控制系统。离散控制系统的运动规律通常可用差分方程来描述。

三、按系统的输出量和输入量间的关系分类

(一)线性系统

线性系统的特点是系统全部由线性元件组成,它的输出量与输入量间的关系用线性微分方程来描述。线性系统最重要的特性是可以应用叠加原理。叠加原理表述为:两个不同的作用量同时作用于系统时的响应等于两个作用量单独作用时的响应的叠加。

(二)非线性系统

非线性系统的特点是系统中存在非线性元件(如具有死区、出现饱和、含有库仑摩擦等非线性特性的元件),要用非线性微分方程来描述。非线性系统不能应用叠加原理(分析非线性系统的工程方法常用"描述函数"和"相平面法")。

四、按系统中的参数对时间的变化情况分类

(一)定常系统(又称时不变系统)

定常系统的特点是系统的全部参数不随时间变化,它用定常微分方程来描述(系统的微分方程的系数不随时间改变)。在实践中遇到的系统,大多属于(或基本属于)这一类。

(二)时变系统

时变系统的特点是系统中有些参数是时间 t 的函数,它随时间变化而改变。例如宇宙飞船控制系统,就是时变控制系统的一个例子(宇宙飞船飞行过程中,飞船内燃料质量、飞船受的重力等都随时间发生变化)。

当然,除了以上的分类方法外,还可以根据其他条件进行分类。本书只讨论线性定常的自动控制系统。

 任务小结

1. 恒值控制系统的特点:输入量是恒量,并且要求系统的输出量也相应地保持恒定。随动控制系统的特点:输入量随时间变化,并且要求系统的输出量能跟随输入量的变化而作出相应的变化。

2. 计算机控制系统是现在自动控制系统的主流,控制指令的计算和发送及信号的采集

均由计算机完成。计算机(PC 机、单片机和 PLC)能完成更复杂的控制,使系统的布线更加简洁,系统的可靠性更高。连续控制系统(模拟控制系统)已不是市场的主流,但是学习连续控制系统有利于掌握控制系统的组成、工作原理和性能分析,是离散控制系统学习的基础。

任务 5　认识控制系统的性能与指标

1. 掌握对自动控制系统性能的基本要求。
2. 掌握自动控制系统时域指标的定义及用途。

对控制系统的基本要求是"稳、准、快"。所谓"稳"就是稳定性好,系统稳定是系统正常工作的先决条件,不稳定的系统在工程中没有使用价值;所谓"准"是指系统在稳定运行时,控制的准确程度高;所谓"快"就是快速性好,即系统在过渡过程中所具有的性能要好,系统响应时间短。系统性能的优劣主要以系统的指标来衡量,由于分析方法的不同,其指标可分为时域指标和频域指标。在时域分析中,其指标主要有动态指标和稳态指标,稳态指标及频域指标将在"项目 4"中进行讲解。

一、自动控制系统的性能及指标

(一)稳定性及指标

当有扰动作用(或给定值发生变化)时,输出量将会偏离原来的稳定值,这时由于反馈环节的作用,通过系统内部的自动调节,系统可能回到(或接近)原来的稳定值(或跟随给定值)稳定下来,如图 1 - 11(a)所示。但也可能由于内部的相互作用,使系统出现发散而处于不稳定状态,如图 1 - 11(b)所示。显然,不稳定系统无法进行工作。因此,对任何自动控制系统,首要的条件便是系统能稳定正常运行。

系统的稳定性指标主要用频域中的稳定裕量(增益裕量和相位裕量)来描述。

(二)稳态性能及指标

当系统从一个稳定状态过渡到新的稳定状态时,或系统受扰动作用又重新平衡后,系统可能会出现偏差,这种偏差称为稳态误差(e_{ss})。系统稳态误差的大小反映了系统的稳态精度(或称静态精度),工程上一般称稳态精度为控制精度,是描述稳态性能高低的指标,是一个统计量。稳态精度表明了系统控制的准确程度。稳态误差 e_{ss} 越小,则系统的稳态精度越高。若 $e_{ss} \neq 0$,则称为有静差系统,如图 1 - 12(a)所示。反之,若 $e_{ss} = 0$,则系统称为无静差系统,如图 1 - 12(b)所示。

事实上,对一个实际系统,要求系统的输出量丝毫不变地稳定在某一确定的数值上,往往办不到,要求稳态误差绝对等于零,也很难实现。因此,我们通常把系统的输出量进入并

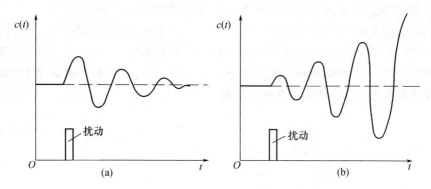

图 1-11   稳定系统和不稳定系统

(a)稳定系统;(b)不稳定系统

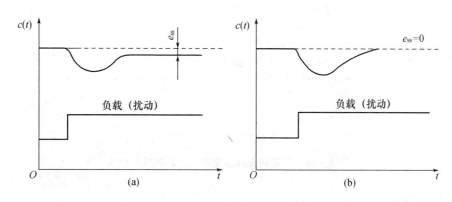

图 1-12   自动控制系统的稳态性能

(a)有静差系统;(b)无静差系统

一直保持在某个允许的足够小的误差范围(称为误差带)内,即认为系统已进入稳定运行状态。此误差带的数值可看作系统的稳态误差。此外,对一个实际的无静差系统,理论上它的稳态误差 $e_{ss} = 0$,实际只是其稳态误差极小而已。

(三)动态性能及指标

由于系统的对象和元件通常都具有一定的惯性(如机械惯性、电磁惯性、热惯性等)及受能源功率的限制,系统中各种量值(加速度、位移、电流、温度等)的变化不可能是突变的。因此,系统从一个稳态过渡到新的稳态需要经历一段时间,即需要经历一个过渡过程。表征这个过渡过程性能的指标叫做动态性能指标。现在以系统对突加给定信号(阶跃信号)的动态响应来介绍动态性能指标。图 1-13 所示为系统对突加给定信号的动态响应曲线(过渡过程曲线)。

动态性能通常用最大超调量(σ)、调整时间(t_s)和振荡次数(N)等指标来衡量。

1. 最大超调量(σ)

系统输出量的最大峰值为 $c(t_p)$,稳态值为 $c(\infty)$,$c(t_p)$ 与 $c(\infty)$ 的最大偏差为 Δc_{max} [$\Delta c_{max} = c(t_p) - c(\infty)$],这样最大超调量定义为最大偏差 Δc_{max} 与稳态值 $c(\infty)$ 比值的百分数。即

$$\sigma = \frac{\Delta c_{max}}{c(\infty)} \times 100\% = \frac{c(t_p) - c(\infty)}{c(\infty)} \times 100\%$$

式中 $c(t_p)$ 为系统输出量的第一个峰值,t_p 为峰值时间。

最大超调量反映了系统过渡过程的平稳性,最大超调量越小,则说明系统过渡过程进行得越平稳。不同的控制系统,对最大超调量的要求也不同。例如,对一般调速系统 σ 可允许为 10% ~ 35%;轧钢机的初轧机要求 σ 小于 10%;对连轧机则要求 σ 小于 5%;对张力控制的卷取机和造纸机等则不允许有超调量。

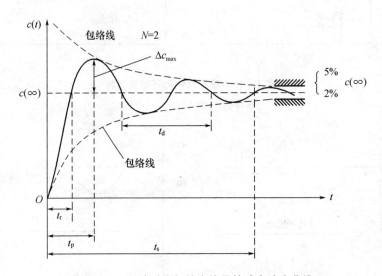

图 1 – 13 系统对突加给定信号的动态响应曲线

2. 调节时间(t_s)

调节时间是指系统输出量[如 $c(t)$]进入并一直保持在稳态值所允许的误差带时对应的时间。允许误差带为 $\pm\delta$,δ 取 2% 或 5%,当系统的输出量进入所允许的误差带时,系统的过渡过程就结束了,而进入了稳定运行状态。调整时间 t_s 越小,系统快速性越好,意味着系统从一个平衡状态过渡到另一个平衡状态所需的时间就越短。

3. 振荡次数(N)

振荡次数是指在调整时间内,输出量在稳态值上下摆动的次数。如图 1 – 13 所示的系统,振荡次数为 2 次。振荡次数 N 越少,表明系统稳定性越好。例如普通机床一般可允许振荡 2 ~ 3 次;龙门刨床与轧钢机允许振荡 1 次;而造纸机传动则不允许有振荡。

在系统的时域指标中,最大超调量 σ 和振荡次数 N 用以描述系统过渡过程进行的平稳程度,反映了系统的稳定性;而系统的调节时间 t_s 用以描述系统的过渡过程进行的快慢程度,是快速性指标;稳态误差反映了系统的准确度。一般说来,我们总是希望最大超调量小一点,振荡次数少一点,调整时间短一些,稳态误差小一点。总之,希望系统能达到"稳、快、准"。

任务小结

性能指标是衡量自动控制系统技术品质的客观标准,它是采购、验收的基本依据,也是技术合同的基本内容。因此在确定技术性能指标要求时,既要保证满足实际工程的需要(并留有一定的量),又要"恰到好处",性能指标要求不宜提得过高,因为过高的性能指标意味着更高的研发与购买成本。

上述指标对自动控制系统而言是基本性能指标,也是通用的时域指标。除了上述基本指标,对于不同类型的系统还有其他指标的要求,比如可靠性指标、环境使用指标、安全性指标等。

 知识拓展

自动控制理论是研究自动控制共同规律的技术科学。既是一门古老的、已臻成熟的学科,又是一门正在发展的、具有强大生命力的新兴学科。从1868年马克斯威尔(J. C. Max-well)提出低阶系统稳定性判据至今一百多年里,自动控制理论的发展可分为四个主要阶段:

第一阶段:经典控制理论(或古典控制理论)的产生、发展和成熟;
第二阶段:现代控制理论的兴起和发展;
第三阶段:大系统控制兴起和发展阶段;
第四阶段:智能控制发展阶段。

一、经典控制理论

控制理论的发展初期,是以反馈理论为基础的自动调节原理,主要用于工业控制。第二次世界大战期间,为了设计和制造飞机及船用自动驾驶仪、火炮定位系统、雷达跟踪系统等基于反馈原理的军用装备,进一步促进和完善了自动控制理论的发展。其基本特征为:

(一)主要用于线性定常系统的研究,即用于常系数线性微分方程描述的系统的分析与综合;

(二)只用于单输入、单输出的反馈控制系统;

(三)只讨论系统输入与输出之间的关系,而忽视系统的内部状态,是一种对系统的外部描述方法。

基本方法为根轨迹法、频率法、PID调节器(频域)。本书讲授的内容是经典控制论。

二、现代控制理论

经典控制理论只适用于单输入、单输出的线性定常系统,只注重系统的外部描述而忽视系统的内部状态,在实际应用中有很大局限性。随着航天事业和计算机的发展,20世纪60年代初,在经典控制理论的基础上,以线性代数理论和状态空间分析法为基础的现代控制理论迅速发展起来。1954年贝尔曼(R. Belman)提出动态规划理论,1956年庞特里雅金(L. S. Pontryagin)提出极大值原理,1960年卡尔曼(R. K. Kalman)提出多变量最优控制和最优滤波理论。在数学工具、理论基础和研究方法上不仅能提供系统的外部信息(输出量和输入量),而且还能提供系统内部状态变量的信息;无论对线性系统或非线性系统、定常系统或时变系统、单变量系统或多变量系统,都是一种有效的分析方法。

基本方法:状态方程(时域)。

三、大系统理论

20世纪70年代开始,现代控制理论继续向深度和广度发展,出现了一些新的控制方法和理论。如:

（一）现代频域方法。以传递函数矩阵为数学模型，研究线性定常多变量系统。

（二）自适应控制理论和方法。以系统辨识和参数估计为基础，在实时辨识基础上在线确定最优控制规律。

（三）鲁棒控制方法。在保证系统稳定性和其他性能基础上，设计不变的鲁棒控制器，以处理数学模型的不确定性。

随着控制理论应用范围的扩大，从个别小系统的控制，发展到若干个相互关联的子系统组成的大系统进行整体控制，从传统的工程控制领域推广到包括经济管理、生物工程、能源、运输、环境等大型系统以及社会科学领域。

大系统理论是过程控制与信息处理相结合的系统工程理论，具有规模庞大、结构复杂、功能综合、目标多样、因素众多等特点。它是一个多输入、多输出、多干扰、多变量的系统。大系统理论目前仍处于发展和开创性阶段。

四、智能控制

智能控制是近年来新发展起来的一种控制技术，是人工智能在控制上的应用。智能控制的概念和原理主要是针对被控对象、环境、控制目标或任务的复杂性提出来的，它的指导思想是依据人的思维方式和处理问题的技巧，解决那些目前需要人的智能才能解决的复杂的控制问题。被控对象的复杂性体现为：模型的不确定性、高度非线性、分布式的传感器和执行器、动态突变、多时间标度、复杂的信息模式、庞大的数据量以及严格的特性指标等。智能控制是驱动智能机器自主实现其目标的过程，是从"仿人"的概念出发，其方法包括学习控制、模糊控制、神经元网络控制和专家控制等方法。

 项 目 小 结

1. 开环控制系统结构简单、稳定性好，但不能自动补偿扰动对输出量的影响。当系统扰动量产生的偏差可以预先进行补偿或影响不大时，采用开环控制是有利的。当扰动量无法预计或控制系统的精度达不到预期要求时，则应采用闭环控制。

2. 闭环控制系统具有反馈环节，它能依靠负反馈环节进行自动调节，以补偿扰动对系统产生的影响。闭环控制极大地提高了系统的精度。但闭环系统使系统稳定性变差，需要重视并加以解决。

3. 自动控制系统通常由给定元件、反馈元件、比较环节、放大元件、执行元件、控制对象和反馈环节等部件组成。系统的作用量和被控制量有输入量、反馈量、扰动量、输出量和各中间变量。

4. 控制框图可直观地表达系统各环节（或各部件）间的因果关系、各种作用量、中间变量的作用点和传递情况以及它们对输出量的影响。

5. 恒值控制系统的特点为输入量是恒量，并且要求系统的输出量也相应地保持恒定。随动控制系统的特点为输入量是变化的，并且要求系统的输出量能跟随输入量的变化而作出相应的变化。

6. 对自动控制系统的性能指标的要求主要是一稳、二准、三快。最大超调量（σ）和振荡次数（N）反映了系统的稳定性，稳态误差（e_{ss}）反映了系统的准确性，调整时间（t_s）反映了系统的快速性。其中σ，N，t_s 为系统的动态指标，e_{ss} 为系统的稳态指标。

 项 目 习 题

1. 自动控制理论包括哪几部分,各自的特征是什么?

2. 什么是自动控制? 什么是自动控制系统?

3. 简述开环系统和闭环系统的主要特点,并比较两者的优缺点。

4. 简述反馈控制系统的基本原理。

5. 简述反馈控制系统的基本组成,各组成部分的作用是什么?

6. 简述对自动控制系统的基本要求。

7. 某仓库大门自动控制系统的工作原理如图 1 – 14 所示。试分析自动控制大门开启和关闭的控制原理,并画出原理框图。

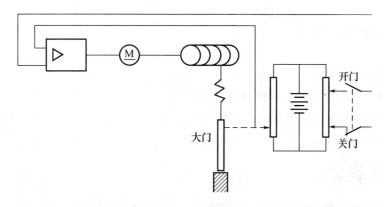

图 1 – 14 习题 7 图

8. 温度自动记录仪的工作原理如图 1 – 15 所示,记录笔所记录的是被测温度的变化,该温度由热电偶采自工作现场。试说明其控制原理并画出原理框图。本系统是恒值控制系统还是随动控制系统?

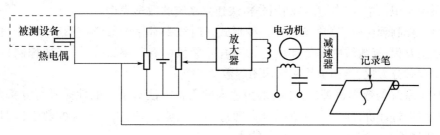

图 1 – 15 习题 8 图

项目2 建立自动控制系统的数学模型

项目目标

【知识目标】

1. 掌握拉氏变换的概念、定律和拉氏变换对照表的使用。
2. 掌握系统微分方程建立的方法和基本步骤。
3. 掌握传递函数的概念及其性质。
4. 掌握结构框图的等效规则及使用。

【能力目标】

1. 初步具备应用拉氏变换解系统的微分方程的能力。
2. 初步具备建立系统的数学模型的能力。
3. 具备将数学模型转换为结构框图模型的能力。
4. 具备对结构框图进行等效和化简的能力。

项目描述

  自动控制系统的数学模型是描述系统输入变量、输出变量和内部变量之间关系的数学表达式。一般来说,建立控制系统数学模型的方法有分析法和实验法。分析法是对系统各部分的运动机理进行分析,根据它们所依据的物理规律或化学规律分别列写相应的运动方程。例如,电学中有基尔霍夫定律,力学中有牛顿定律,热力学中有热力学定律等。实验法是人为地给系统施加某种测试信号,记录其输出响应,并用适当的数学模型去逼近,这种方法称为系统辨识。本项目重点是利用分析法建立系统的数学模型。

  在自动控制理论中,数学模型有多种形式。时域中常用的数学模型有微分方程、差分方程和状态方程;复数域中有传递函数、结构图;频域中有频率特性等,经典控制理论中的数学模型有微分方程、传递函数和结构图等数学模型。

  建立了系统的数学模型后,才能采用适当的分析方法对系统的性能进行分析,进而对系统的性能进行评价,并提出改进措施。通过项目实施,掌握建立系统的数学模型的方法和过程,并具备各模型之间的相互转化能力。

任务1 拉普拉斯变换

任务目标

【知识目标】

1. 掌握拉氏变换的定义、实质和拉氏变换对照表的用法。
2. 掌握拉氏变换的基本定理。

【能力目标】

　　1. 了解拉氏反变换的方法及步骤。

　　2. 具备利用拉氏变换求解简单微分方程的能力。

　　拉普拉斯变换(The LapLace Transform)简称拉氏变换,是一种函数的变换。利用拉氏变换可将实数域的微分方程变换为复数域的代数方程,对代数方程进行分解和展开,然后再通过拉氏反变换,可求得微分方程的解,从而使系统性能的分析难度降低,因此,拉氏变换是建立系统数学模型和进行系统性能分析的数学基础。通过本任务的学习,掌握拉氏变换的概念、定律和了解拉氏反变换的基本方法,有利于本项目其他任务的学习。

一、拉氏变换的定义

　　将实变量 t 的函数 $f(t)$ 乘以指数函数 e^{-st}(其中 $s = \sigma + j\omega$,是一个复变量),在 0 到 ∞ 之间进行积分,就得到一个新的函数 $F(s)$,称为 $f(t)$ 的拉氏变换式,用符号 $L[f(t)]$ 表示。

$$F(s) = L[f(t)] = \int_0^\infty f(t)e^{-st}dt \qquad (2-1)$$

　　式(2-1)为拉氏变换的定义式,其中 $f(t)$ 为原函数,$F(s)$ 为象函数,$F(s)$ 只取决于复变量 s,而与实变量 t 无关,$f(t)$ 和 $F(s)$ 之间具有一一对应的关系。定义式成立的条件是式中等号右边的积分存在(收敛)。

　　拉氏变换是一种单值变换,是通过积分来实现变换的。其实质是将原来的实变量函数 $f(t)$ 变换为复变量函数 $F(s)$。经过拉氏变换后,实函数发生了以下改变:

　　(1)函数的定义域由实数域变换到复数域;

　　(2)自变量由实变量 t 变换为复变量 s;

　　(3)实函数 $f(t)$ 变换为复变函数 $F(s)$。

　　【例2-1】　求阶跃函数的象函数。

　　在自动控制系统中,阶跃函数是一个突加作用信号,相当于一个开关的闭合(或断开)。在求它的象函数前,首先应给出阶跃函数的定义式。

　　阶跃函数 $f(t)$ 的定义式见下式

$$f(t) = \begin{cases} 0 & (t < 0) \\ A & (t \geq 0) \end{cases}$$

式中 A 为常量,当 $A = 1$ 时,该函数就是单位阶跃函数(见图2-1),在控制系统中,经常用作系统的典型输入信号,来检验系统的性能。

　　根据拉氏变换的定义,单位阶跃函数的象函数 $F(s)$ 为

$$F(s) = L[f(t)] = \int_0^\infty 1 \times e^{-st}dt = -\frac{1}{s}e^{-st}\Big|_0^\infty = \frac{1}{s}$$

　　【例2-2】　求单位斜坡函数的象函数。

　　在自动控制系统中,斜坡函数是一个随时间均匀变化的信号,是简单的一种随时间变

化的信号,斜坡函数定义为

$$f(t) = \begin{cases} At(t \geq 0) \\ 0(t < 0) \end{cases}$$

式中 A 为常数,当 $A = 1$ 时,斜坡函数就变为单位斜坡函数(见图 2 - 2),该函数常用作随动系统的典型输入信号,用以评价系统的性能。单位斜坡函数的拉氏变换为

$$F(s) = L[f(t)] = \int_0^\infty te^{-st}dt = -\frac{te^{-st}}{s}\Big|_0^\infty - (-)\frac{1}{s}\int_0^\infty e^{-st}dt$$

$$= -\frac{1}{s^2}\int_0^\infty e^{-st}d(es^{-st}) = \frac{1}{s^2}$$

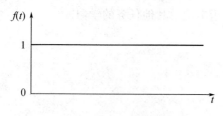

图 2 - 1　单位阶跃函数的图像

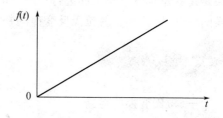

图 2 - 2　单位斜坡函数的图像

【例 2 - 3】　求正弦函数的象函数。

在自动控制系统中,正弦函数也是系统频率特性分析中的典型输入信号,在频域中用以评价系统的性能。正弦函数的拉氏变换为

$$F(s) = L[\sin\omega t] = \int_0^\infty \sin\omega te^{-jt}dt = \int_0^\infty \frac{1}{2j}(e^{j\omega t} - e^{-j\omega t})e^{-st}dt$$

$$= \frac{1}{2j}\left(\frac{1}{s - j\omega} - \frac{1}{s + j\omega}\right) = \frac{\omega}{s^2 + \omega^2}$$

$$= \frac{1}{2j}\left[\int_0^\infty e^{-(s-j\omega)t}dt - \int_0^\infty e^{-(s+j\omega)t}dt\right]$$

注:欧拉公式 $\sin\omega t = \frac{1}{2j}(e^{j\omega t} - e^{-j\omega t})$;$\cos\omega t = \frac{1}{2}(e^{j\omega t} + e^{-j\omega t})$ 。

在实际变换中,一般把常用函数的原函数和象函数列成对照表的形式。使用该表时,要将变换的函数形式转化为表中函数的形式,然后查表进行变换,就能获得原函数或象函数。常用函数的拉氏变换对照表见表 2 - 1。

表 2 - 1　常用函数拉氏变换对照表

序号	原函数 $f(t)$	象函数 $F(s)$
1	$\delta(t)$	1
2	$1(t)$	$\frac{1}{s}$
3	$e^{-\alpha t}$	$\frac{1}{s + \alpha}$

表 2-1(续)

序号	原函数 $f(t)$	象函数 $F(s)$
4	t^n	$\dfrac{n!}{s^{n+1}}$
5	$te^{-\alpha t}$	$\dfrac{1}{(s+\alpha)^2}$
6	$t^n e^{-\alpha t}$	$\dfrac{n!}{(s+\alpha)^{n+1}}$
7	$\sin\omega t$	$\dfrac{\omega}{s^2+\omega^2}$
8	$\cos\omega t$	$\dfrac{s}{s^2+\omega^2}$
9	$1-\cos\omega t$	$\dfrac{\omega^2}{s(s^2+\omega^2)}$
10	$1-e^{-\omega t}(1+\omega t)$	$\dfrac{\omega^2}{s(s+\omega)^2}$
11	$\dfrac{\omega_n}{\sqrt{1-\xi^2}}e^{-\xi\omega_n t}\sin(\omega_n\sqrt{1-\xi^2})t$	$\dfrac{\omega_n^2}{s^2+2\xi\omega_n s+\omega_n^2}(0<\xi<1)$
12	$\dfrac{-1}{\sqrt{1-\xi^2}}e^{-\xi\omega_n t}\sin[(\omega_n\sqrt{1-\xi^2})t-\varphi]$ $\varphi=\arctan\dfrac{\sqrt{1-\xi^2}}{\xi}$	$\dfrac{s}{s^2+2\xi\omega_n s+\omega_n^2}(0<\xi<1)$
13	$1-\dfrac{1}{\sqrt{1-\xi^2}}e^{-\xi\omega_n t}\sin[(\omega_n\sqrt{1-\xi^2})t+\varphi]$ $\varphi=\arctan\dfrac{\sqrt{1-\xi^2}}{\xi}$	$\dfrac{\omega_n^2}{s(s^2+2\xi\omega_n s+\omega_n^2)}(0<\xi<1)$
14	$1-\dfrac{1}{2x(\xi-x)}e^{-(\xi-x)\omega_n t}+\dfrac{1}{2x(\xi-x)}e^{-(\xi+x)\omega_n t}$ $x=\sqrt{\xi^2-1}$	$\dfrac{\omega_n^2}{s(s^2+2\xi\omega_n s+\omega_n^2)}(\xi>1)$

二、拉氏变换的运算定理

(一)叠加定理

两个函数代数和的拉氏变换等于两个函数拉氏变换的代数和,即

$$L[f_1(t)\pm f_2(t)]=L[f_1(t)]\pm L[f_2(t)] \tag{2-2}$$

(二)比例定理

K 倍原函数的拉氏变换等于原函数拉氏变换的 K 倍,即

$$L[Kf(t)]=KL[f(t)] \tag{2-3}$$

(三)微分定理

在零初始条件下,即

$$f(0)=f'(0)=f''(0)=\cdots=f^{(n-1)}(0)=0$$
$$L[f^{(n)}(t)]=s^n F(s) \tag{2-4}$$

上式表明,在零初始条件下,原函数 $f(t)$ 的 n 阶导数的拉氏式等于其象函数乘以 s^n。

(四)积分定理

在零初始条件下,即

$$\int f(t)\,\mathrm{d}t\,\Big|_{t=0} = \iint f(t)(\mathrm{d}t)^2\,\Big|_{t=0} = \cdots = \int\cdots\int f(t)(\mathrm{d}t)^{(n-1)}\,\Big|_{t=0} = 0$$

则
$$L\Big[\int\cdots\int f(t)(\mathrm{d}t)^n\Big] = \frac{F(s)}{s^n} \qquad (2-5)$$

上式表明，在零初始条件下，原函数 $f(t)$ 的 n 重积分的拉氏式等于其象函数除以 s^n。

（五）延迟定理

当原函数 $f(t)$ 延迟 τ 时间，成为 $f(t-\tau)$ 时，它的拉氏式为
$$L[f(t-\tau)] = \mathrm{e}^{-s\tau}F(s) \qquad (2-6)$$

上式表明，当 $f(t)$ 延迟 τ，即成为 $f(t-\tau)$ 时，相应的象函数 $F(s)$ 应乘以因子 $\mathrm{e}^{-s\tau}$。

（六）终值定理

$$\lim_{t\to\infty} f(t) = \lim_{s\to0} sF(s) \qquad (2-7)$$

上式表明，原函数在 $t\to\infty$ 时的数值（稳态值），可以通过将象函数 $F(s)$ 乘以 s 后，再求 $s\to0$ 的极限值来求得。条件是当 $t\to\infty$ 和当 $s\to0$ 时，等式两边各有极限存在。

终值定理在分析研究系统的稳态性能时（例如分析系统的稳态误差，求取系统输出量的稳态值等）有着很多的应用。因此终值定理也是一个经常用到的运算定理。

＊三、拉氏反变换①

在实际应用中常常需要由象函数 $F(s)$ 去求取原函数 $f(t)$，这种运算是拉氏反变换（也称拉氏逆变换）。拉氏反变换可表示为
$$f(t) = L[F(s)]^{-1} \qquad (2-8)$$

由于原函数和象函数是一一对应的，所以拉氏变换和反变换也是一一对应的。实际应用中，一般不通过运算式进行反变换，而是查表来求原函数。实际系统中常遇到的象函数是如下形式的有理分式
$$F(s) = \frac{Q(s)}{P(s)} = \frac{b_m s^m + b_{m-1}s^{m-1} + \cdots + b_1 s + b_0}{a_n s^n + a_{n-1}s^{n-1} + \cdots + a_1 s + a_0} \qquad (2-9)$$

这种形式的原函数不能直接由拉氏变换对照表中查出，因此，需要将 $F(s)$ 分解成一些简单分式之和，而这些分式的原函数可以直接查表得到，所求原函数就等于各简单分式原函数之和，其分解方法一般采用部分分式展开法。采用部分分式展开法的拉氏反变换方法与步骤如下：

（一）首先令 $P(s)=0$，即 $a_n s^n + a_{n-1}s^{n-1} + \cdots + a_1 s + a_0 = 0$，然后求出这个方程的根，即
$$s_1 = p_1, s_1 = p_2, \cdots, s_n = p_n$$

（二）根据方程根的情况，按照以下情况将 $F(s)$ 的多项式分解为积的形式。

（1）当方程的根 $s_1, s_2, \cdots, s_n$ 各不相等时，将 $F(s)$ 分解为积的形式
$$F(s) = \frac{Q(s)}{P(s)} = \frac{Q(s)}{(s-s_1)(s-s_2)\cdots(s-s_n)} \qquad (2-10)$$

上式中，$Q(s) = b_m s^m + b_{m-1}s^{m-1} + \cdots + b_1 s + b_0$。

（2）当方程的根 $s_1, s_2, \cdots, s_n$ 中有 r 个重根（重根为 $s=s_i$）时，$F(s)$ 分解为积的形式为
$$F(s) = \frac{Q(s)}{P(s)} = \frac{Q(s)}{(s-p_1)(s-p_2)\cdots(s-P_{n-r})(s-s_i)^r} \qquad (2-11)$$

---

① 带 ＊ 的内容为选学内容。

（三）将 $F(s)$ 积的形式展开为部分和的形式

（1）当方程的根 $s_1,s_2,\cdots,s_n$ 各不相等时，其分解为和的形式为

$$F(s) = \frac{A_1}{s-s_1} + \frac{A_2}{s-s_2} + \cdots + \frac{A_n}{s-s_n} \tag{2-12}$$

$A_1,A_2,\cdots,A_n$ 为待定系数，其系数按照以下公式求得：

$$A_i = \left[(s+s_i)F(s) \right]\Big|_{s=-s_i} \tag{2-13}$$

式中 $i=1,2,3,\cdots,n$，计算 $A_1,A_2,\cdots,A_n$ 待定系数时，$F(s)$ 的表达式为分解后积的表达式，见式（2-10）。

（2）当方程的根 $s_1,s_2,\cdots,s_n$ 中有 r 个重根（重根为 $s=-s_i$）时，$F(s)$ 展开和的形式为

$$F(s) = \frac{A_1}{s-s_1} + \frac{A_2}{s-s_2} + \cdots + \frac{A_{n-r}}{s-s_{n-r}} + \frac{B_1}{s-s_i} + \frac{B_2}{(s-s_i)^2} + \cdots + \frac{B_r}{(s-s_i)^r} \tag{2-14}$$

$A_1,A_2,\cdots,A_{n-r}$ 分别对应非重根 $s_1,s_2,\cdots,s_{n-r}$ 的系数，$B_1,B_2,\cdots,B_r$ 分别对应重根的不同次幂分解项的系数。$A_1,A_2,\cdots,A_{n-r}$ 按照式（2-13）计算，而 $B_1,B_2,\cdots,B_r$ 按照式（2-15）计算。

$$B_1 = \frac{1}{(r-1)!}\frac{d^{r-1}}{ds^{r-1}}\left[(s-s_i)^r F(s) \right]\Big|_{s=s_i} \tag{2-15}$$

$$\cdots$$

$$B_{r-2} = \frac{1}{2!}\frac{d^2}{ds^2}\left[(s-s_i)^r F(s) \right]\Big|_{s=s_i}$$

$$B_{r-1} = \frac{d}{ds}\left[(s-s_i)^r F(s) \right]\Big|_{s=s_i}$$

$$B_r = \left[(s-s_i)^r F(s) \right]\Big|_{s=s_i}$$

计算 $A_1,A_2,\cdots,A_{n-r}$ 和 $B_1,B_2,\cdots,B_r$ 待定系数时，$F(s)$ 的表达式为式（2-11）。

（四）对照拉氏变换对照表 2-1，对式（2-12）或（2-14）的每一项进行拉氏反变换，并对反变换的结果进行整理或合并运算，使 $f(t)$ 的表达式为最简式，其形式为

$$f(t) = L[F(s)]^{-1} = f_1(t) + f_2(t) + \cdots$$

任务小结

1. 拉氏变换在控制理论中的应用，其实质就是将实数域中的实函数通过拉氏变换为复数域中的复变函数，将微分方程转变为代数方程。

2. 微分定理、积分定理和终值定理是比较重要的三个定理，特别是微分定理，因为系统的微分方程多含有微分。

3. 灵活使用拉氏变换和反变换对照表，可省去大量积分运算时间。

任务2　应用拉氏变换解微分方程

任务目标

1. 培养学生综合应用拉氏变换与反变换的能力。

2. 掌握求解微分方程的方法。

 **任 务 描 述**

拉氏变换在控制系统的数学模型的建立、求系统的微分方程的根中有着重要的作用。通过求系统(环节)微分方程的解,可综合运用拉氏变换定理,为在时域中对系统的性能进行分析创造条件,对提高学生的分析能力有较大帮助。

 **任 务 实 施**

一、任务

求一阶系统的微分方程的根,并对系统的性能作简单分析,一阶系统的微分方程如下

$$T\frac{\mathrm{d}c(t)}{\mathrm{d}t} + c(t) = r(t)$$

系统的输入信号为单位阶跃信号$[r(t)=1]$,求系统的微分方程的解$c(t)$,即为系统的单位阶跃响应。

二、实施过程

(一)对一阶微分方程两边同时进行拉氏变换

$$TsC(s) + C(s) = R(s)$$

其中$R(s) = \dfrac{1}{s}$,则

$$C(s) = \frac{1}{Ts+1} \times \frac{1}{s} = \frac{1}{T} \times \frac{1}{s+\dfrac{1}{T}} \times \frac{1}{s} = \frac{1}{T\left(s+\dfrac{1}{T}\right)s}$$

(二)求分母多项式的根

令$C(s)$的分母$(Ts+1)s = 0$,求得其方程的根为$s_1 = -1/T$,$s_2 = 0$,s_1和s_2互不相等,而且$C(s)$的表达式已为积的形式。

(三)将$C(s)$的表达式由积的形式展开为部分和的形式

$$C(s) = \frac{A_1}{s-s_1} + \frac{A_2}{s} = \frac{A_1}{s+\dfrac{1}{T}} + \frac{A_2}{s+0}$$

(四)计算待定系数A_1,A_2

由于$C(s)$分母构成的方程,其根分别为$s_1 = -1/T$,$s_2 = 0$,没有重根,待定系数A_1和A_2由式(2-14)计算,则

$$A_1 = \left[(s+0)\frac{1}{T\left(s+\dfrac{1}{T}\right)s} \right]\Bigg|_{s=0} = 1$$

$$A_2 = \left[\left(s+\frac{1}{T}\right)\frac{1}{T\left(s+\dfrac{1}{T}\right)s} \right]\Bigg|_{s=-\frac{1}{T}} = -1$$

$$C(s) = \frac{1}{s} - \frac{1}{s+\dfrac{1}{T}} \tag{2-16}$$

（五）查表进行拉氏变换

通过查表 2 - 1,对式(2 - 16)的 $C(s)$ 部分分式和的每一项进行拉氏反变换,可得

$$c(t) = 1 - e^{-t/T}$$

$c(t)$ 就是一阶系统微分方程的解,即为单位阶跃信号作用下的输出响应。

（六）对求解的结果进行分析

从 $c(t)$ 的表达式看出其阶跃响应是按照指数的规律变化(见图 2 - 3),但其最大值不超过 1。

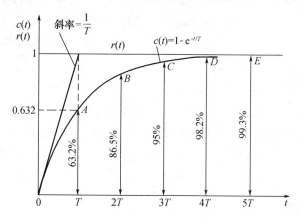

图 2 - 3　典型一阶系统的单位阶跃响应曲线

1. 响应曲线起点的斜率 m

$$m = \frac{\mathrm{d}c(t)}{\mathrm{d}t}\bigg|_{t=0} = \frac{1}{T}e^{-t/T}\bigg|_{t=0} = \frac{1}{T}$$

由上式可知,响应曲线在起点的斜率 m 为时间常数 T 的倒数,T 愈大,m 愈小,上升过程愈慢。

2. 过渡过程时间

从图 2 - 3 看出,在 t 经历 $T,2T,3T,4T$ 和 $5T$ 的时间后,其响应的输出分别为稳态值的 63.2% ,86.5% ,95% ,98.2% 和 99.3% 。由此可知,对典型一阶系统,它的过渡过程时间大约为 $(3 \sim 5)T$,达到稳态值的 95% ~99.3% 。

 任务小结

1. 求系统的微分方程的解,关键是要将拉氏变换后的式子进行因式分解,可对分母采用求根的方式进行,当由分母构成的方程阶次高于三阶时,就需要采用 MATLAB 软件求解。

2. 对于方程阶次高于三阶的系统,采用式(2 - 12)和式(2 - 14)两式来计算待定系数比较方便。

任务 3　建立系统的微分方程模型

 任务目标

【知识目标】

1. 掌握系统的数学模型的概念。

2. 掌握建立系统的微分方程的方法和步骤。

【能力目标】

初步具备建立系统的微分方程模型的能力。

 任务描述

微分方程是在时域中描述系统动态特性的数学模型,列写系统的微分方程是建立数学模型的重要环节,控制系统常用的传递函数、结构框图等模型是在微分方程的基础上建立起来的,因此建立系统的数学模型对分析系统的性能和设计控制系统都很重要。

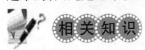 相关知识

在时域中描述系统的输入量和输出量之间关系的方程式,称为系统的微分方程。当系统的输入量和输出量都为时间 t 的函数时,其微分方程可以确切地描述系统的运动过程。微分方程是系统最基本的数学模型。采用分析法建立系统的微分方程模型的关键是要有数学、物理等多方面的知识基础。

 任务实施

一、任务

直流电机电路是由电阻 R、电感 L 和电容 C 组成的(见图 2-4),建立直流电机的微分方程模型。

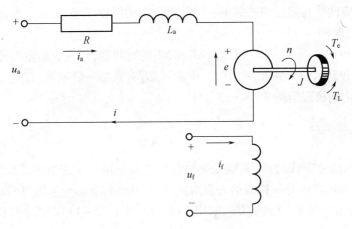

图 2-4 直流电动机电路图

二、任务实施过程

建立直流电机微分方程模型的基本步骤为:

(一)全面分析系统的组成、结构和工作原理,确定其输入量和输出量

直流电机有两个独立的电路:一个是电枢回路,电枢的运动遵循基尔霍夫定律、电磁感应定律、牛顿第二定律,有关物理量用角标 a 表示;另一个是励磁回路,有关物理量用角标 f

表示。直流电动机的作用是将电能转化为机械能,这样电枢为电机的输入端,其输入量为 u_a,电机输出端为电机轴,输出量为转速 n。

(二)从系统的输入端开始,根据元件所遵循的定律,列写出相应的微分方程

(1)电枢回路方程(用基尔霍夫定律列出)

$$i_a R + L_a \frac{di_a}{dt} + e = u_a \tag{2-17}$$

(2)电枢反电动势方程(用电磁感应有关知识和定律列出)

$$e = K_e \Phi n \tag{2-18}$$

(3)电动机的电磁转矩方程(用电磁感应有关知识和定律列出)

$$T_e = K_T \Phi i_a \tag{2-19}$$

(4)电动机轴的动力学方程(理想空载情况下,根据牛顿第二定律列出)

$$T_e - T_L = J \frac{d\omega}{dt} \tag{2-20}$$

(5)电机轴转动角速度 ω 与转速 n 的关系为

$$\omega = \frac{2\pi}{60} n$$

将上式代入式(2-20)则得

$$T_e - T_L = J \frac{2\pi}{60} \frac{dn}{dt} \tag{2-21}$$

令 $J_G = J\frac{2\pi}{60}$,则式(2-22)可变为

$$T_e - T_L = J_G \frac{dn}{dt} \tag{2-22}$$

(三)消去中间变量 e,i_a 和 T_e,并将微分方程整理成标准形式

由式(2-19)和式(2-22)可求得 i_a 为

$$i_a = \frac{J_G \frac{dn}{dt} + T_L}{K_T \Phi} \tag{2-23}$$

将式(2-23)及其导数、式(2-18)代入式(2-17)可得

$$\frac{L_a R_a J_G}{R_a K_T K_e \Phi^2} \frac{d^2 n}{dt^2} + \frac{J_G R_a}{K_T K_e \Phi^2} \frac{dn}{dt} + n = \frac{u_a}{K_e \Phi} - \frac{R_a}{K_T K_e \Phi^2}\left(T_a \frac{dT_L}{dt} + T_L\right) \tag{2-24}$$

(四)对微分方程进行整理,并将微分方程写成标准形式

把与输入量有关的各项放在方程的右边,把与输出量有关的各项放在方程的左边,各导数项均按降幂排列,即按照式(2-25)的标准形式整理微分方程。

$$a_n \frac{d^n c(t)}{dt^n} + a_{n-1} \frac{d^{n-1} c(t)}{dt^{n-1}} + \cdots + a_1 \frac{dc(t)}{dt} + a_0 c(t) =$$
$$b_m \frac{d^m r(t)}{dt^m} + b_{m-1} \frac{d^{m-1} r(t)}{dt^{m-1}} + \cdots + b_1 \frac{dr(t)}{dt} + b_0 r(t) \tag{2-25}$$

式(2-25)中 $n \geq m$,等式左边是系统输出变量及其各阶导数,等式右边是系统输入变量及其各阶导数,等式左右两边的系数均为实数。这样,若令式(2-24)中的有关参数为

$$T_a = \frac{L_a}{R_a}, T_m = \frac{J_G R_a}{K_e K_T \Phi^2}, T_L = 0, C_e = K_e \Phi$$

则式(2-24)为

$$T_m T_a \frac{d^2 n}{dt^2} + T_m \frac{dn}{dt} + n = \frac{u_a}{C_e} \qquad (2-26)$$

以上各式中 L_a, R_a ——分别为电枢回路的电感,单位 H;电阻,单位 Ω;

$\quad\quad\quad\quad T_a$ ——电枢回路的电磁时间常数,单位 s;

$\quad\quad\quad\quad T_m$ ——电动机的机电时间常数,单位 s;

$\quad\quad\quad\quad J$ ——转动部分折合到电动机轴上的总转动惯量,单位 $kg \cdot m^2$;

$\quad\quad\quad\quad J_G$ ——等效的转动惯量,单位 $kg \cdot m^2$;

$\quad\quad\quad\quad \Phi$ ——磁通量,单位 Wb;

$\quad\quad\quad\quad K_e$ ——电动势常量;

$\quad\quad\quad\quad K_T$ ——转矩常量;

$\quad\quad\quad\quad T_L$ ——摩擦和负载阻力矩,单位 $N \cdot m$;

$\quad\quad\quad\quad n$ ——转速,单位 r/min;

$\quad\quad\quad\quad u_a$ ——电枢电压,单位 V。

二、系统及微分方程的阶次

系统的阶次取决于式(2-25)中 n 的取值。$n=1$ 时,为一阶微分方程,其系统为一阶系统,$n=2$,为二阶微分方程,其对应的系统为二阶系统,$n \geqslant 2$ 后,同理。

 任务小结

"任务3"提供的只是建模的具体步骤和方法,能不能对一个系统建立数学模型,关键要有良好的数学、物理、电子、机械等多方面的知识基础。

任务4 建立系统的传递函数模型

 任务目标

1. 掌握传递函数的概念及性质。
2. 掌握传递函数模型建立的方法与技能。

 任务描述

建立系统的微分方程以后,在给定外作用及初始条件下,求解微分方程可以得到系统的输出响应,这种方法比较直观,特别是借助于计算机可以迅速而准确地求得结果。但是微分方程的列写十分复杂,特别是在系统的结构改变或某个参数变化时,就要重新列写并求解微分方程,而且采用微分方程来分析系统的性能也不方便。因此,在工程上通常采用传递函数分析系统的性能。传递函数是在微分方程基础上建立的,不仅可以表征系统的动态性能,而且可以用来研究系统的结构或参数变化时对系统性能的影响。经典控制理论中广泛应用的频域法和根轨迹法,就是以传递函数为基础建立起来的,传递函数是经典控制理论中最基本和最重要的概念。

一、传递函数概念的导入

图 2 – 5 是由电阻 R、电感 L 和电容 C 组成的电路,其微分方程建立的步骤为:

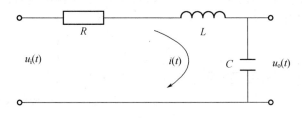

图 2 – 5　RLC 电路

(一)确定电路的输入和输出量

$u_i(t)$ 为输入量,$u_o(t)$ 为输出量。

(二)依据电路所遵循的基本定律列写微分方程

设回路电流为 i,依据基尔霍夫定律,则有

$$Ri + L\frac{di}{dt} + u_o(t) = u_i(t) \tag{2-27}$$

式中

$$u_o(t) = \frac{1}{C}\int i dt \tag{2-28}$$

(三)消去中间变量 i,并整理电路的微分方程

对式(2 – 28)求导可得 $i = C\dfrac{du_o(t)}{dt}$。 $\tag{2-29}$

将式(2 – 29)代入式(2 – 27)可得 RLC 电路的微分方程为

$$LC\frac{d^2 u_o(t)}{dt^2} + RC\frac{du_o(t)}{dt} + u_o(t) = u_i(t) \tag{2-30}$$

(四)对式(2 – 30)两边同时进行拉氏变换

$$L\left[LC\frac{d^2 u_o(t)}{dt^2} + RC\frac{du_o(t)}{dt} + u_o(t)\right] = L\left[u_i(t)\right]$$

$$LCs^2 U_o(s) + RCsU_o(s) + U_o(s) = U_i(s)$$

整理可得

$$\frac{U_o(s)}{U_i(s)} = \frac{1}{LCs^2 + RCs + 1} \tag{2-31}$$

式(2 – 31)中比值 $U_o(s)/U_i(s)$ 是复变量 s 的函数,只与电路的结构和参数有关,而与系统的输入量 $u_i(t)$、输出量 $u_o(t)$ 和扰动量无关,比值 $U_o(s)/U_i(s)$ 就是传递函数。

二、传递函数的基本概念

式(2 – 31)中,$U_o(s)$,$U_i(s)$ 分别为输出量和输入量的象函数,$U_o(s)/U_i(s)$ 是 s 的有理

分式函数。由于它包含了微分方程式(2-30)中的全部信息,故可以用它作为在复数域中描述 RC 电路输入 - 输出关系的数学模型,可记为

$$G(s) = \frac{U_o(s)}{U_i(s)} = \frac{1}{LCs^2 + RCs + 1} \qquad (2-32)$$

由式(2-32)可引出传递函数的定义。

线性定常系统传递函数的定义:在零初始条件下,系统输出变量的拉氏变换式与输入变量的拉氏变换式之比。

$$G(s) = \frac{C(s)}{R(s)} = \frac{系统输出量的拉氏变换式}{系统输入量的拉氏变换式} \qquad (2-33)$$

传递函数是在初始条件为零(称零初始条件)时定义的。控制系统的零初始条件有两方面含义:一是指输入作用是在 $t=0$ 以后才作用于系统,因此系统输入量及其各阶导数在 $t=0$ 时的值为零;二是指输入作用加于系统之前,系统是"相对静止"的,因此系统输出量及其各阶导数在 $t=0$ 时的值也为零。实际的控制系统多属此类情况。

传递函数是系统在复数域中的动态数学模型,是研究线性系统动态特性的重要工具。在不需要求解微分方程的情况下,直接根据系统传递函数的某些特征便可分析和研究系统的动态性能。

三、传递函数的表示方法

(一)传递函数的有理多项式表示

系统的微分方程的一般表示式为

$$a_n \frac{d^n}{dt^n}c(t) + a_{n-1}\frac{d^{n-1}}{dt^{n-1}}c(t) + \cdots + a_1 \frac{d}{dt}c(t) + a_0 c(t) =$$

$$b_m \frac{d^m}{dt^m}r(t) + b_{m-1}\frac{d^{m-1}}{dt^{m-1}}r(t) + \cdots + b_1 \frac{dr(t)}{dt}r(t) + b_0 r(t)$$

对上式两边同时进行拉氏变换,并整理可得传递函数的有理多项式为

$$G(s) = \frac{C(s)}{R(s)} = \frac{b_m s^m + b_{m-1}s^{m-1} + \cdots + b_1 s + b_0}{a_n s^n + a_{n-1}s^{n-1} + \cdots + a_1 s + a_0} \qquad (2-34)$$

式中,$n \geq m$。

(二)传递函数的零极点增益表示形式

对式(2-34)传递函数的分子多项式和分母多项式进行因式分解,可得传递函数的零极点增益表示形式为

$$G(s) = \frac{C(s)}{R(s)} = K\frac{(s-z_1)(s-z_2)\cdots(s-z_m)}{(s-p_1)(s-p_2)\cdots(s-p_n)} \qquad (2-35)$$

如果令 $a_n s^n + a_{n-1}s^{n-1} + \cdots + a_1 s + a_0 = 0$,则这个方程就是特征方程,其方程的根就是特征根 $(s_1, s_2, \cdots, s_{n-1}, s_n)$。

式中,K 为常数,由复变函数可知,在式(2-35)中,当 $s = z_j(j=1,2,3,\cdots,m)$ 时,均能使传递函数 $G(s) = 0$,称 $z_1, z_2, \cdots, z_m$ 为传递函数 $G(s)$ 的零点。当 $s = p_i(i=1,2,3,\cdots,n)$ 时,均能使传递函数 $G(s)$ 的分母等于零,这时传递函数将无穷大,即

$$\lim_{s \to p_i}G(s) = \infty \ (i=1,2,3,\cdots,n)$$

因此称 $p_1, p_2, \cdots, p_n$ 为传递函数 $G(s)$ 的极点,即传递函数的极点就是系统微分方程的特

征根。

四、传递函数建立的方法和步骤

（一）建立系统的传递函数模型的数学方法

传递函数和系统的微分方程具有确定的对应关系。采用数学方法建立系统的传递函数模型的步骤是：

（1）列写出以输入量和输出量为变量的系统微分方程（建立系统的微分方程的方法和步骤见"任务 3"）。

（2）在零初始条件下对系统的微分方程进行拉氏变换，按照传递函数的定义整理出系统的传递函数的模型。

在任务 3 中，直流电机的微分方程为

$$T_a T_m \frac{d^2 n}{dt} + T_m \frac{dn}{dt} + n = \frac{u_a}{C_e}$$

对上式两边同时进行拉氏变换，并进行整理，可得直流电机的传递函数模型为

$$G(s) = \frac{N(s)}{U_a(s)} = \frac{1/C_e}{T_m T_a s^2 + T_m s + 1}$$

（二）用实验方法建立传递函数模型

在实际的控制工程中，有时难以获得系统或元件的结构和参数，从而也无法建立元件或系统的传递函数模型或系统的微分方程，这就需要用实验的方法来建立系统的传递函数模型。实验法建立传递函数模型是根据频率特性进行的，即不断改变正弦输入信号的角频率和幅值，然后不断测量元件或系统的输出响应的角频率和幅值，然后计算元件的对数幅频特性和对数相频特性，画出对数频率特性曲线，根据对数频率特性曲线的特点，写出元件的传递函数。频率特性的内容概念见"项目 4"。

五、传递函数的性质

（一）传递函数是由微分方程经过拉氏变换而来，它与微分方程之间一一对应，两者具有确定的关系，确定的微分方程只有唯一的传递函数和它对应，反之，则不成立。

（二）传递函数是以复变量（$s = \sigma + j\omega$）为自变量的函数，具有复变函数的所有性质。式（2-34）中，$m \leq n$。

（三）式（2-34）中，系数 $a_n, a_{n-1}, \cdots, a_1, a_0$ 及 $b_m, b_{m-1}, \cdots, b_1, b_0$ 系数均为实数，它们取决于系统的结构和参数，而传递函数完全取决于其系数，所以传递函数只与系统本身内部结构和参数有关，而与输入量、扰动量等外部因素无关，代表了系统的固有特性，是经典控制论与现代控制论的一个区别，传统的控制论依赖于系统的数学模型。

（四）传递函数 $G(s)$ 虽然描述了输出与输入之间的关系，但不提供任何该系统的物理结构，因为许多不同的物理系统具有完全相同的传递函数。

（五）传递函数是一种运算函数。由传递函数定义式变换可得 $C(s) = G(s)R(s)$，此式表明，只要已知一个系统的传递函数 $G(s)$，则对任意一个输入量 $r(t)$，只要用其象函数 $(R(s))$ 乘以 $G(s)$，就可以得输出量的象函数 $C(s)$，故名传递函数。

六、结构框图的组成

结构框图由信号线、引出点、比较点和功能框组成，常见框图符号见图 2-6，现分别介

绍如下。

（一）信号线

信号线是带有箭头的直线,箭头表示信号的流向,在直线旁标记信号的象函数,如图 2-6(a)所示。

（二）引出点

引出点表示信号引出或测量的位置。从同一位置引出的信号在数值和性质上完全相同,如图 2-6(b)所示。

（三）比较点

比较点表示多个信号在此处叠加,输出量等于输入量的代数和。因此在信号输入处要标明信号的极性,如图 2-6(c)所示。

（四）功能框

功能框表示一个相对独立的环节对信号的影响。框左边的箭头处标以输入量的象函数,框右边的箭头处标以输出量的象函数,框内为这一单元的传递函数。输出量等于输入量与传递函数的乘积,即 $C(s)=G(s)R(s)$,功能框图见图 2-6(d)。

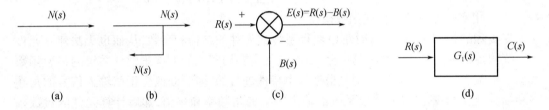

图 2-6　结构框图的图形符号

传递函数是自动控制原理中最基本而且非常重要的概念,是复数域中系统的数学模型,是复变函数。传递函数只与系统结构和参数有关,是系统固有的属性,而与系统的输入量、输出量和扰动量无关。采用分析方法建立传递函数模型是常用的建模方法。

任务5　典型环节及其时域特性

【知识目标】

1.掌握典型环节的微分方程和传递函数模型。

2.掌握典型环节的框图及特性。

3.了解常见典型环节的物理结构。

【能力目标】

初步具备建立典型环节传递函数模型的能力。

自动控制系统是由各种元件相互连接组成的,一般为机械、电子、光学或其他类型的装置。为建立控制系统的数学模型和分析控制系统的性能,必须首先了解组成系统的各种元件的数学模型及其特性。

一、比例环节

比例环节又称放大环节,它的输入量与输出量之间在任何时候都是一个固定的比例关系。

(一)微分方程:$c(t) = Kr(t)$。

(二)传递函数:

$$G(s) = K \tag{2-36}$$

(三)比例环节的功能框图:见图 2-7(a)。

(四)比例环节的特点

输出量与输入量之间的关系是一种固定的比例关系,即输出量能无失真、无滞后地按一定比例复现输入量,比例环节能立即成比例地响应输入量的变化,其单位阶跃响应见图 2-7(b)。

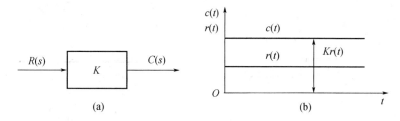

图 2-7　比例环节的框图和单位阶跃响应

(五)常见的比例环节

比例环节是自动控制系统中使用最多的一种,例如电子放大器、齿轮减速器、杠杆、弹簧、电阻、质量等,如图 2-8 所示。

二、积分环节

(一)微分方程:$c(t) = \dfrac{1}{T} \int r(t) \mathrm{d}t$($T$ 为积分时间常数,单位 s)。

(二)传递函数:

$$G(s) = \frac{K}{s}, K = \frac{1}{T} \tag{2-37}$$

(三)积分环节的功能框图:见图 2-9(a)。

(四)积分环节的特点

输出量与输入量的积分成正比,即输出量取决于输入量对时间的积累过程,单位阶跃响应见图 2 −9(b)。

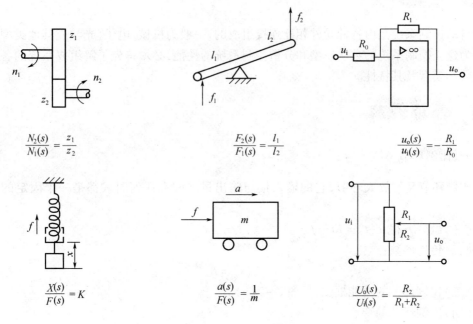

图 2 −8   常见的比例环节

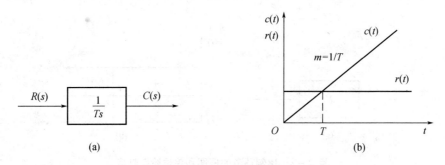

(a)   (b)

图 2 −9   积分环节的功能框

（五）积分环节实例

积分环节也是自动控制系统中最常见的环节之一,凡是输出量对输入量具有储存和积累特点的元件一般都含有积分环节,例如机械运动中位移与转速、转速与转矩、速度与加速度、电容的电压与电流、水箱的水位与水流量等(如图 2 −10)。

（六）积分环节的传递函数模型建立

1. 电动机输出轴模型

电动机转速和转矩、角位移和转速都是积分关系[见图 2 −10(a)],当不考虑负载转矩时,电动机的转矩与转速的关系如下

$$T = J \frac{\mathrm{d}\omega}{\mathrm{d}t} = J_G \frac{\mathrm{d}n}{\mathrm{d}t}$$

对上式进行拉氏变换得

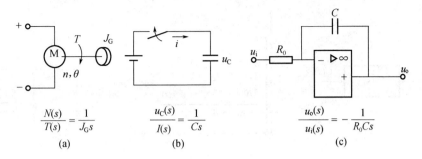

$$\frac{N(s)}{T(s)} = \frac{1}{J_G s} \qquad \frac{u_C(s)}{I(s)} = \frac{1}{Cs} \qquad \frac{u_o(s)}{u_i(s)} = -\frac{1}{R_0 Cs}$$

(a) (b) (c)

图 2 - 10　积分环节的实例

$$\frac{N(s)}{T(s)} = \frac{1}{J_G s} = \frac{1}{Ts}(T = J_G)$$

2. 电容电路模型

电容两端的电压和电流是积分关系[见图2-10(b)]。其关系如下

$$q(t) = Cu_c(t) = \int i dt$$

对上式进行拉氏变换可得

$$\frac{U_c(s)}{I(s)} = \frac{1}{Cs} = \frac{1}{Ts}(T = C)$$

三、理想微分环节

(一)微分方程:$c(t) = \tau \dfrac{dr(t)}{dt}$。

(二)传递函数:

$$G(s) = \tau s(\tau \text{ 为微分时间常数,单位为 s}) \qquad (2-38)$$

(三)理想微分环节的功能框图:见图2-11(a)。

(四)微分环节的特点

输出量与输入量的微分成正比例,即输出量与输入量无关而与输入量的变化率成比例,其阶跃响应见图2-11(b)。实际工程中,理想微分环节很难得到。

(五)微分环节实例

微分环节输入量与输出量的关系与积分环节恰恰相反,将积分环节的输入与输出相对换就是微分环节,例如不经电阻对电容的充电过程,见图2-11(c),还有速度与加速度、位移与速度等都是微分的关系。

四、惯性环节

(一)微分方程:$c(t) = T\dfrac{dc(t)}{dt} + c(t) = r(t)$($T$ 为惯性时间常数,单位为秒)。

(二)传递函数:

$$G(s) = \frac{1}{Ts + 1} \qquad (2-39)$$

(三)惯性环节的功能框:见图2-11(a)。

(四)惯性环节的特点

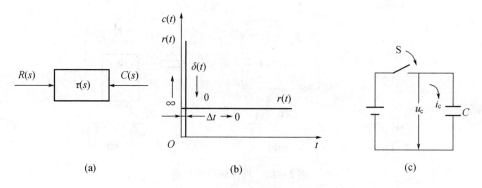

(a)   (b)   (c)

图 2 – 11　理想微分环节的实例

当输入量突变时,输出量不会突变,只能按指数规律逐渐变化,即具有惯性。惯性环节是一个常见的环节,绝大多数控制系统中都包含惯性环节,惯性环节的阶跃响应见图 2 – 12(b)。

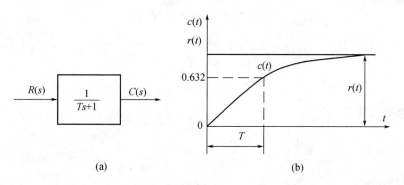

(a)   (b)

图 2 – 12　惯性环节的功能框图和单位阶跃响应

（五）实例

自动控制系统中常含有惯性环节,这种环节含有一个储能元件(如储存磁场能的电感、储存电场能的电容、储存弹性势能的弹簧和储存动能的机械负载等)和一个耗能元件(如电阻、阻尼器等)。下面以电阻、电容电路和弹簧 – 阻尼系统为例来说明实际惯性环节模型的建立。

1. 电阻、电容电路的模型

如图 2 – 13(a)所示,由基尔霍夫定律有

$$u_1(t) = Ri(t) + u_2(t)$$

将电流 $i(t) = C\dfrac{du_2(t)}{dt}$ 代入上式,可得

$$u_1(t) = Ri(t) + C\dfrac{du_2(t)}{dt}$$

对上式进行拉氏变换可得电容、电阻电路的传递函数为

$$\frac{U_2(s)}{U_1(s)} = \frac{1}{RCs + 1} = \frac{1}{Ts + 1} \quad (T = RC)$$

2. 弹簧 – 阻尼系统的模型

如图 2 – 13(b) 所示, $f_1 = B\dfrac{\mathrm{d}x_o(t)}{\mathrm{d}t}$ 为阻尼器的阻力, B 为黏性阻尼系数(黏性阻力与相对速度成正比)。

弹簧力 $f_2 = k[x_i(t) - x_o(t)]$, 其中 k 为弹性系数。

由于两力相等, 即 $f_1 = f_2$, 于是有

$$k[x_i(t) - x_o(t)] = B\frac{\mathrm{d}x_o(t)}{\mathrm{d}t}$$

对上式进行拉氏变换并整理可得

$$\frac{X_o(s)}{X_i(s)} = \frac{1}{Ts+1} \quad \left(T = \frac{B}{K}\right)$$

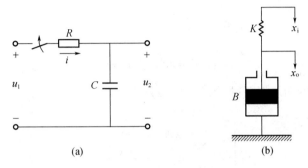

(a)　　　　　　　　　　　　(b)

图 2 – 13　惯性环节实例

五、比例微分环节

(一)微分方程: $c(t) = \tau\dfrac{\mathrm{d}r(t)}{\mathrm{d}t} + r(t)$ 。

(二)传递函数:

$$G(s) = \tau s + 1 \quad (\text{式中 } \tau \text{ 为微分时间常数, 单位为 s}) \tag{2 – 40}$$

(三)比例微分环节的框图: 见图 2 – 14(a) 。

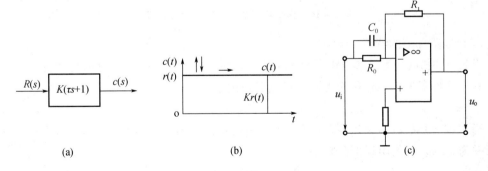

(a)　　　　　　　　　　　(b)　　　　　　　　　　(c)

图 2 – 14　比例微分环节

(四)比例微分环节的特点

比例微分环节的传递函数与惯性环节相反, 互为倒数。比例微分环节在控制系统的性

能改善中有着重要的作用,其阶跃响应见图 2-14(b)。

（五）实例

比例微分环节的实例见图 2-14(c)。

六、振荡环节

（一）振荡环节的微分方程

$$T^2 \frac{\mathrm{d}^2 c(t)}{\mathrm{d}t} + 2T\xi \frac{\mathrm{d}c(t)}{\mathrm{d}t} + c(t) = r(t) \qquad (2-41)$$

（二）二阶环节的传递函数

$$G(s) = \frac{1}{T^2 s^2 + 2T\xi s + 1} = \frac{\omega_n^2}{s^2 + 2\xi\omega_n s + \omega_n^2} \qquad (2-42)$$

式中　ξ——阻尼比;

$\omega_n(\omega_n = 1/T)$——自然振荡频率;

$G(s) = \dfrac{\omega_n^2}{s^2 + 2\xi\omega_n s + \omega_n^2}$——二阶系统的标准传递函数。

（三）二阶环节的功能框图:见图 2-15(a)

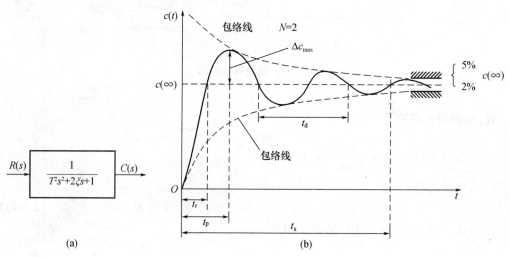

图 2-15　振荡环节的单位阶跃响应曲线

（四）二阶环节的特点

当 $\xi = 0$ 时,$c(t)$ 为等幅自由振荡（又称为无阻尼振荡）,其阶跃响应曲线为等幅振荡曲线。其振荡频率为 ω_n,ω_n 称为无阻尼自然振荡频率。

$$c(t) = 1 - \cos(\omega t)$$

当 $0 < \xi < 1$,$c(t)$ 为减幅振荡（又称为欠阻尼振荡）,其阶跃响应见图 2-15(b)。其振荡频率为 ω_d,ω_d 称为阻尼振荡频率。

$$c(t) = 1 - \frac{\mathrm{e}^{-\xi\omega_n t}}{\sqrt{1-\xi^2}} \sin(\omega_d t + \varphi) \qquad (2-43)$$

式中 $\omega_d = \omega_n \sqrt{1-\xi^2}$,$\varphi = \arctan \dfrac{\sqrt{1-\xi^2}}{\xi}$。

当阻尼比 $0 \leqslant \xi < 1$ 时二阶环节才能构成振荡环节;当阻尼比 $\xi \geqslant 1$ 时,二阶环节不具有振荡特性。

（五）振荡环节的实例

在自动控制系统中,若系统中具有两个不同形式的储能元件,而两种元件中的能量又能相互交换,就可能在交换和储存过程中出现振荡,形成振荡环节。现以 RLC 串联电路来说明构成振荡环节的条件（RLC 电路见图 2 – 4）。"任务 4"建立的 RLC 电路的微分方程为

$$LC \frac{d^2 u_o(t)}{dt^2} + RC \frac{d u_o(t)}{dt} + u_o(t) = u_i(t)$$

对上式进行拉氏变换并整理可得

$$G(s) = \frac{1}{LCs^2 + RCs + 1} \qquad (2 - 44)$$

将式（2 – 44）化成标准的二阶系统的传递函数形式

$$G(s) = \frac{1/LC}{s^2 + \frac{R}{L}s + 1/LC} = \frac{\omega_n^2}{s^2 + 2\xi\omega_n s + \omega_n^2} \qquad (2 - 45)$$

式中,$\omega_n^2 = 1/LC, 2\xi\omega_n = R/L$,则 $\omega_n = 1/\sqrt{LC}, \xi = \frac{R}{2}\sqrt{\frac{C}{L}}$。

当 $\xi = \frac{R}{2}\sqrt{\frac{C}{L}} = 0$ 时,即 $R = 0$,其阶跃响应为等幅振荡。

当 $0 < \xi = \frac{R}{2}\sqrt{\frac{C}{L}} < 1$ 时,即 $0 < R < 2\sqrt{\frac{L}{C}}$ 时,其阶跃响应为减幅振荡。

当 $\xi = \frac{R}{2}\sqrt{\frac{C}{L}} \geqslant 1$ 时,即 $R \geqslant 2\sqrt{\frac{L}{C}}$ 时,其阶跃响应为非周期过程,为单调上升曲线,不具有振荡性质。

由以上分析可知,只有当 $\xi < 1$ 时,二阶环节才成为一个振荡环节。当 $\xi \geqslant 1$ 时,该环节的阶跃响应为单调曲线,由此可见,并不是所有的二阶环节都是振荡环节。

七、延迟环节

（一）微分方程:$c(t) = r(t - \tau)$。

（二）传递函数:

$$c(s) = e^{-\tau s} = \frac{1}{e^{\tau s}} \qquad (2 - 46)$$

对于延迟时间很小的延迟环节,常常将它按泰勒级数展开,并略去高次项,得到如下简化的传递函数

$$G(s) = \frac{1}{1 + \tau s + \frac{\tau^2}{2!}s^2 + \frac{\tau^3}{3!}s^3} \approx \frac{1}{1 + \tau s} \qquad (2 - 47)$$

上式表明,在延迟时间很小的情况下,延迟环节可近似为一个小惯性环节。

（三）功能框图:见图 2 – 16（a）。

（四）延迟环节的特点

输出量与输入量变化形式完全相同,但在时间上有一定的滞后,阶跃响应见图 2 – 16（b）。

（五）延迟环节实例

延迟环节是经常遇到的环节,例如晶闸管整流电路中,控制电压与整流输出有时间上的延迟;工件传送过程会造成时间上的延迟;在加工中,加工点和检测点不在一处也会产生时间上的延迟。

八、运算放大器组成环节的传递函数模型建立

根据运算放大器的虚短、虚断原理,以图 2 - 17 运算放大器组成的电路为例说明运算放大器组成环节的传递函数模型建立过程。由于运算放大器的开环增益极大,输入阻抗也极大,所以把 A 点看成"虚地",即 $u_A \approx 0$（A 点的电位为零）,这样流入运算放大器的电流 $i_4 \approx 0$,即可近似认为电路的电流未流入运算放大器,这样 $i_3 \approx i_1 + i_2$,利用运算放大器以上特点可建立由运算放大器组成的电路的传递函数模型。

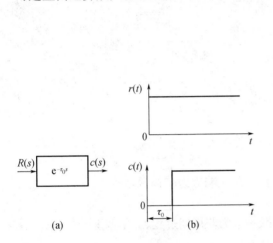

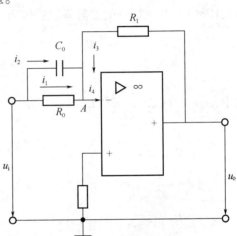

图 2 - 16　延迟环节　　　　　　图 2 - 17　由运算放大器组成的比例微分环节

$$i_1 = u_i / R_0$$

$$u_i = \frac{1}{C_0} \int i_2 \, dt$$

对上式求导可得

$$i_2 = C_0 \frac{dU_i}{dt}$$

$$i_3 = -u_o / R_1$$

由于 $i_3 \approx i_1 + i_2$,则

$$-\frac{u_o}{R_1} = \frac{u_i}{R_0} + C_0 \frac{du_i}{dt}$$

对上式进行拉氏变换并整理可得比例微分环节的传递函数为

$$G(s) = \frac{u_o(s)}{u_i(s)} = -\frac{R_1}{R_0}(1 + R_0 C_0 s) = K(1 + \tau s)$$

上式中 $K = -R_1 / R_0$,$\tau = R_0 C_0$。

由图 2 - 17 电路的传递函数可知,该电路构成了比例微分环节;由运算放大器构成的其他环节的传递函数模型建立的方法,与图 2 - 17 电路相同。

在分析控制系统和设计控制系统时,对一般的自动控制系统,应尽可能将它分解为若干个典型的环节,以利于理解系统的构成和系统的分析,掌握典型环节的传递函数及特点,有利于掌握系统的性能。

任务6 典型环节的模拟①

【知识目标】

1. 熟悉并掌握 THBDC – 1 型控制理论·计算机控制技术实验平台及上位机软件的使用方法。

2. 熟悉各典型环节电路的传递函数、电路模拟与软件仿真和其特性。

【能力目标】

1. 提高学生搭建典型环节硬件的能力。

2. 提高学生操作实验台的能力。

在自动控制系统中,运算放大器与电阻、电容的组合可以构成各种典型环节,通过实际电路与 MATLAB 软件的模拟,进一步掌握各典型环节的特性。

典型环节电路模拟原理

一、比例(P)环节

比例环节的特点是输出不失真、不延迟、成比例地复现输入信号的变化。它的实验电路(图中后一个单元为反相器)如图 2 – 18(a)所示。

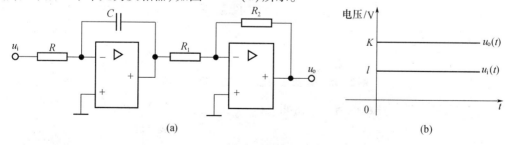

图 2 – 18 运算放大器构成的比例环节

---

① 任务 6 根据实验实训条件情况,选择性实施。

$\dfrac{U_i}{R_1} = -\dfrac{U_o}{R_2}$（反相器改变了 U_o 的符号），$U_o = -\dfrac{R_2}{R_1}U_i$，比例环节的传递函数与方框图如下：

$$G(s) = \frac{U_o(s)}{U_i(s)} = -\frac{R_2}{R_1} = K$$

在电路的输入端输入一个单位阶跃信号（$U_i = 1$），且比例系数为 K 时的响应曲线如图 2 − 18（b）所示。

二、积分（I）环节

积分环节的输出量与其输入量对时间的积分成正比。它的实验电路（图中后一个单元为反相器）如图 2 − 19（a）所示。

在电路的输入端输入一个单位阶跃信号（$u_i = 1$），且积分系数为 T 时的响应曲线如图 2 − 19（b）所示。

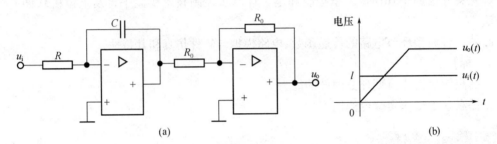

(a)   (b)

图 2 − 19　运算放大器构成的积分环节

积分环节的传递函数与方框图如下：

$$G(s) = \frac{U_o(s)}{U_i(s)} = -\frac{1}{R_0 Cs} = \frac{1}{Ts} \quad \left(T = -\frac{1}{R_0 C}\right)$$

三、比例积分（PI）环节

比例积分环节的电路（图中后一个单元为反相器）见图 2 − 20（a）。

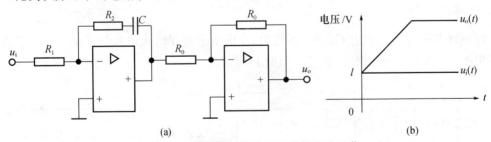

(a)   (b)

图 2 − 20　运算放大器构成的比例积分环节

比例积分环节的传递函数与方框图如下：

$$G(s) = \frac{U_o(s)}{U_i(s)} = \frac{R_2 Cs + 1}{R_1 Cs} = \frac{R_2}{R_1} + \frac{1}{R_1 Cs} = \frac{R_2}{R_1}\left(1 + \frac{1}{R_2 Cs}\right)$$

其中 $T = R_2C, K = R_2/R_1$

　　在电路的输入端输入一个单位阶跃信号($u_i = 1$),下图示出了比例系数(K)为 1、积分系数为 T 时的比例积分(PI)输出响应如图 2-20(b)所示。

四、比例微分(PD)环节

　　比例微分环节的电路图(图中后一个单元为反相器)如图 2-21(a)所示。

　　在电路的输入端输入一个单位阶跃信号($u_i = 1$),下图示出了比例系数(K)为 2、微分系数为 T_D 时 PD 的输出响应曲线[见图 2-21(b)]。

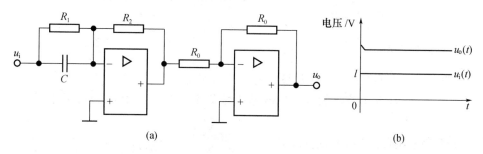

(a)　　　　　　　　　　　　　　　　　(b)

图 2-21　运算放大器构成的比例微分环节

　　比例微分环节的传递函数和框图如下:

$$G(s) = K(1 + Ts) = \frac{R_2}{R_1}(1 + R_1Cs)$$

其中 $K = R_2/R_1, T = R_1C$。

五、惯性环节

　　惯性环节的电路图见图 2-22(a)。

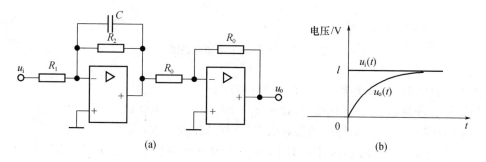

(a)　　　　　　　　　　　　　　　　　(b)

图 2-22　运算放大器构成的惯性环节

　　惯性环节的传递函数和框图如下:

$$G(s) = \frac{U_o(s)}{U_i(s)} = \frac{K}{Ts + 1}$$

在电路的输入端输入一个单位阶跃信号($u_i = 1$),且放大系数(K)为1、时间常数为T时响应曲线如图2-22(b)所示。

一、资讯准备

熟悉比例、比例微分、比例积分和惯性等环节的阶跃响应及其电路,认真阅读自动控制原理实验台(THBDC-1型控制理论·计算机控制技术实验平台)的使用说明书,并对照实验台查找有关电路图及相应的插孔。

二、实验器材准备

(一)THBDC-1型控制理论·计算机控制技术实验平台。

(二)PC机1台(含上位机软件),USB数据采集卡,37针通信线1根,16芯数据排线,USB接口线。

(三)双踪慢扫描示波器1台(可选)。

(四)万用表1只。

三、典型环节的模拟

(一)比例(P)环节模拟

根据比例环节的方框图,选择实验台上的通用电路单元设计并组建相应的模拟电路,如图2-23所示。

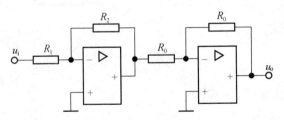

图2-23 比例环节模拟电路图

图中后一个单元为反相器,其中$R_0 = 200$ kΩ。

若比例系数$K = 1$时,电路中的参数取$R_1 = 100$ kΩ,$R_2 = 100$ kΩ。

若比例系数$K = 2$时,电路中的参数取$R_1 = 100$ kΩ,$R_2 = 200$ kΩ。

当u_i为一单位阶跃信号时,用"THBDC-1"软件观测(选择"通道1-2",其中通道AD1接电路的输出u_o;通道AD2接电路的输入u_i),记录相应K值时的实验曲线,并与理论值进行比较。

另外,R_2还可使用可变电位器,以实现比例系数为任意设定值。要注意以下问题:

(1)实验中注意"锁零按钮"和"阶跃按键"的使用,实验时应先弹出"锁零按钮",然后按下"阶跃按键"。

(2)为了更好地观测实验曲线,实验时可适当调节软件上的分频系数(一般调至刻度2)和选择"⊢⊣"按钮(时基自动),以下实验相同。

(二)比例积分(PI)环节模拟

根据比例积分环节的方框图,选择实验台上的通用电路单元设计并组建相应的模拟电路,如图2-24所示。

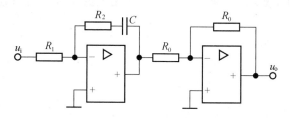

图2-24 比例积分环节模拟电路图

图中后一个单元为反相器,其中 $R_0 = 200\ \text{k}\Omega$。

若取比例系数 $K = 1$、积分时间常数 $T = 1\ \text{s}$ 时,电路中的参数取 $R_1 = 100\ \text{k}\Omega$,$R_2 = 100\ \text{k}\Omega$,$C = 10\ \mu\text{F}(K = R_2/R_1 = 1, T = R_2 C = 100\ \text{k}\Omega \times 10\ \mu\text{F} = 1\ \text{s})$。

若取比例系数 $K = 1$、积分时间常数 $T = 0.1\ \text{s}$ 时,电路中的参数取 $R_1 = 100\ \text{k}\Omega$,$R_2 = 100\ \text{k}\Omega$,$C = 1\ \mu\text{F}(K = R_2/R_1 = 1, T = R_2 C = 100\ \text{k}\Omega \times 1\ \mu\text{F} = 0.1\ \text{s})$。

通过改变 R_2,R_1,C 的值可改变比例积分环节的放大系数 K 和积分时间常数 T。

当 u_i 为单位阶跃信号时,用 THBDC-1 软件观测并记录不同 K 及 T 值时的实验曲线,并与理论值进行比较。

(三)比例微分(PD)环节

根据比例微分环节的方框图,选择实验台上的通用电路单元(U_{12},U_6),设计并组建其模拟电路,如图2-25所示。

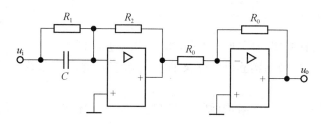

图2-25 比例微分环节模拟电路图

图中后一个单元为反相器,其中 $R_0 = 200\ \text{k}\Omega$。

若取比例系数 $K = 1$、时间常数 $T = 0.1\ \text{s}$ 时,电路中的参数取 $R_1 = 100\ \text{k}\Omega$,$R_2 = 100\ \text{k}\Omega$,$C = 1\ \mu\text{F}(K = R_2/R_1 = 1, T = R_1 C = 100\ \text{k}\Omega \times 1\ \mu\text{F} = 0.1\ \text{s})$。

若取比例系数 $K = 1$、积分时间常数 $T = 1\ \text{s}$ 时,电路中的参数取 $R_1 = 100\ \text{k}\Omega$,$R_2 = 100\ \text{k}\Omega$,$C = 10\ \mu\text{F}(K = R_2/R_1 = 1, T = R_1 C = 100\ \text{k}\Omega \times 10\ \mu\text{F} = 1\ \text{s})$。

当 u_i 为一单位阶跃信号时,用 THBDC-1 软件观测(选择"通道3-4",其中通道 AD3 接电路的输出 u_o;通道 AD4 接电路的输入 u_i)并记录不同 T 及 K 值时的实验曲线,并与理论值进行比较。

在本实验中 THBDC - 1 软件的采集频率设置为 150 kHz,采样通道最好选择"通道 3 -4"(有跟随器,带负载能力较强)。

(四)惯性环节模拟

根据惯性环节的方框图,选择实验台上的通用电路单元设计并组建其相应的模拟电路,如图 2 - 26 所示。

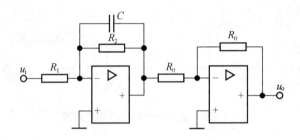

图 2 - 26   惯性环节模拟电路

图中后一个单元为反相器,其中 $R_0 = 200$ kΩ。

若取比例系数 $K = 1$、时间常数 $T = 1$ s 时,电路中的参数取 $R_1 = 100$ kΩ, $R_2 = 100$ kΩ, $C = 10$ μF($K = R_2/R_1 = 1$, $T = R_1 C = 100$ kΩ × 10 μF = 1 s)。

若取比例系数 $K = 1$、时间常数 $T = 0.1$ s 时,电路中的参数取 $R_1 = 100$ kΩ, $R_2 = 100$ kΩ, $C = 1$ μF($K = R_2/R_1 = 1$, $T = R_1 C = 100$ kΩ × 1 μF = 0.1 s)。

通过改变 R_2, R_1, C 的值可改变比例积分环节的放大系数 K 和积分时间常数 T。

当 u_i 为一单位阶跃信号时,用 THBDC - 1 软件观测并记录不同 K 及 T 值时的实验曲线,并与理论值进行比较。

四、任务报告编写

(一)写出任务目的、实验原理及记录实验的详细过程。

(二)画出各典型环节的实验电路图及单位阶跃响应,并注明参数。写出各典型环节的传递函数。

(三)记录实验的单位阶跃响应曲线,根据测得的典型环节单位阶跃响应曲线,分析参数变化对动态特性的影响。

 任 务 小 结

通过 THBDC - 1 型控制理论·计算机控制技术实验平台电路,对各典型环节进行模拟:一是通过示波器的观察,加深了对典型环节特性的理解;二是提高了学生接线搭建典型环节电路的能力;三是熟悉了实验平台的操作。

任务 7　建立自动控制系统的结构图模型

【知识目标】

1. 掌握系统结构框图的画法。
2. 掌握自动控制系统结构图的物理意义

【能力目标】

具备将传递函数转化为系统结构框图的能力。

一个控制系统总是由许多环节组合而成。从信号传递的角度看,可以把一个系统分成若干个环节,每一个环节都有对应的输入量、输出量以及它们的传递函数。为了表明每一个环节在系统中的作用和功能,在控制工程中常常采用结构框图。结构框图是控制系统数学模型的图形表示方法,也是控制系统的数学模型,它可以形象地描述自动控制系统各环节之间和各作用量之间的相互联系,具有简明直观、运算方便的优点,是分析控制系统的一种常用方法。如何将传递函数模型转化为结构框图模型,即结构框图的绘制,是本任务要解决的问题。

一、直流调速系统的基本概念

直流电动机是用来拖动某种生产机械的动力设备,所以需要根据工艺要求调节其转速。比如在加工毛坯工件时,为了防止工件表面对生产刀具的磨损,加工时要求电机低速运行;而在对工件进行精加工时,为了缩短工加时间,提高产品的成本效益,加工时要求电机高速运行。所以我们将调节直流电动机转速,以适应生产要求的过程称之为直流调速,而用于完成这一功能的自动控制系统被称为直流调速系统。

二、结构框图的绘制方法和步骤

现以本项目"任务 3"直流电动机为例说明系统结构框图的绘制过程。

(一)分析系统的组成和工作原理,建立系统各环节的数学模型,确定系统的输入量和输出量,然后进行拉氏变换。直流电机是将电能转化为机械能的装置,电枢的输入端电压 u_a 为系统输入量,而电动机的转速 n 表征的是电机轴的机械运动,因此它是系统的输出量 n。

(二)绘制功能框。按照系统每个方程中物理量之间的"因果"关系,找出各功能框的输入量和输出量。比如电磁转矩方程中的电磁转矩和电流的关系可以这样确定:电机通电后会产生电枢电流 $I_a(s)$,有了电流才能产生电磁转矩 $T_e(s)$,电流是"因"(代表输入),电磁转矩是"果"(代表输出),电磁转矩方程拉氏变换式对应的传递函数就可确定,其功能框的

输入量为电流 $I_a(s)$,输出量为电磁转矩 $T_e(s)$,传递函数为 $G_2(s) = K_T\Phi$,其余功能框的绘制同 $G_2(s)$ 功能框的绘制,各功能框见表 2-2。

表 2-2　直流电动机各环节的功能框

序号	微分方程及拉氏变换式	传递函数	功能框
1	$i_a R_a + L_a \dfrac{di_a}{dt} + e = u_a$ $(R_a + L_a s)I_a(s) = U_a(s) - E(s)$	$\dfrac{I_a(s)}{U_a(s) - E(s)} = \dfrac{1}{R_a + L_a s}$ $G_1(s) = \dfrac{1/R_a}{1 + T_a s}$	$U_a(s)$ →(+ −)→ $G_1(s)$ → $I_a(s)$, $E(s)$
2	$e = K_e \Phi n$ $E(s) = K_e \Phi N(s)$	$\dfrac{E(s)}{N(s)} = K_e \Phi$ $H_1(s) = K_e \Phi$	$N(s)$ → $H_1(s)$ → $E(s)$
3	$T_e = K_T \Phi i_a$ $T_e(s) = K_T \Phi(s) I_a(s)$	$\dfrac{T_e(s)}{I_a(s)} = K_T \Phi$ $G_2(s) = K_T \Phi$	$I_a(s)$ → $G_2(s)$ → $T_e(s)$
4	$T_e - T_L = J_G \dfrac{dn}{dt}$ $T_e(s) - T_L(s) = J_G s N(s)$	$\dfrac{N(s)}{T_e(s) - T_L(s)} = \dfrac{1}{J_G s}$ $G_3(s) = \dfrac{1}{J_G s}$	$T_e(s)$ →(+ −)→ $G_3(s)$ → $N(s)$, $T_L(s)$

　　(三)连接各功能框,形成系统结构框图。以电动机电枢电压 u_a 作为输入量,以电动机的转速 n 为输出量,按照 $U_a(s) \to I_a(s) \to T_e(s) \to N(s) \to E(s)$ 的次序,从系统的输入端开始依次连接各功能框图。功能框的连接次序一般是从前往后,从内到外连接。连接的框图见图 2-27。

　　(四)在图 2-27 上,标出输入量 $U_a(s)$、输出量 $N(s)$ 和各中间参变量 $\Delta U(s)$, $I_a(s)$, $E(s)$, $T_e(s)$。这样,系统结构框图便完整地表达出了传递函数模型。

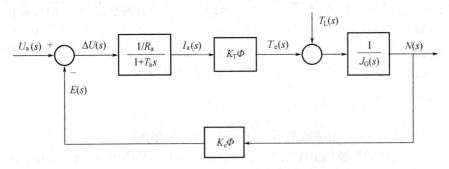

图 2-27　直流电动机的结构图

三、系统框图的物理含义

　　系统结构框图是一种形象化的数学模型,之所以重要,是因为它清晰而严谨地表达了系统内部各单元在系统中所处的地位与作用,表达了各单元之间的内在联系,可以使我们更直观地理解它所表达的物理含义。由图 2-27 可以清楚地看到:

（一）直流电动机包括一个由电磁电路构成的电磁惯性环节（它的惯性时间常数为 T_a）。

（二）一个因电流受磁场作用产生电磁转矩的比例环节。

（三）在合成转矩 $[T_e(s)-T_L(s)]$ 作用下，使电机产生（旋转）角加速度的环节（转矩 T 对转速 n 构成一个积分环节），J_C 表征了系统的机械惯性。此外，由图2-27还可看出（四）。

（四）电枢在磁场中旋转时，会产生感生电动势 E，它对给定电压（电枢电压 U_a）来说，构成了一个负反馈环节。

因此，直流电动机本身就是一个负反馈自动调节系统。下面就以负载转矩 T 增加为例来说明这个自动调节过程。

图2-28为负载转矩增加时，直流电动机内部的自动调节过程。由图可见，当负载转矩 T_L 增加时，使 $T_e < T_L$（平衡运行时，$T_e = T_L$），这将使转速 n 下降，它将导致电枢电势 E 下降、电流 I_a 增加，电磁转矩 T_e 增加，这一过程要一直延续到电磁转矩 T_e 达到 T_L 值时，电动机才重新处于新的平衡状态为止。从以上分析可以清楚地看到，这个过程主要是通过电动机内部电动势 E 的变化来进行自动调节的。

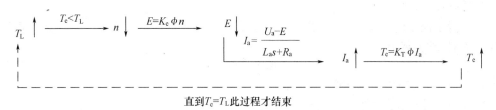

直到 $T_e=T_L$ 此过程才结束

图2-28　电动机内部的自动调节过程

一、任务

直流调速系统的原理图见图2-29，绘制直流调速系统的结构框图。

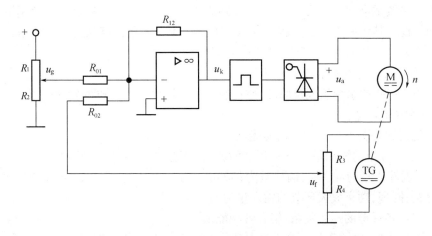

图2-29　直流调速系统的原理图

二、任务实施过程

（一）系统的组成分析

系统的控制任务是调节直流电动机的转速。在图 2 - 29 的直流调速系统中，直流电动机是控制对象，直流测速发电机 TG 和电位器（R_3 和 R_4）组成了反馈元件（测量元件），给定元件为由电阻 R_1 和 R_2 组成的电位器，并产生调节电压 u_g，比较元件和电压元件由调节器组成（运算器放大电路），功率放大元件是晶闸管整流装置。由此，确定系统的输入量是给定电压 u_g，输出量是电动机的转速 n。

（二）从系统的输入端开始，依次列写各元件的微分方程

1. 比较环节

$$\Delta u = u_g - u_f \tag{2-48}$$

2. 电压放大环节

$$u_k = K_1 \Delta u \tag{2-49}$$

式中，K_1 是比例调节器的比例系数，$K_1 = R_{02}/R_{01}$。

3. 功率放大元件

输入量是控制电压 u_k，输出量是整流电压 u_d。当不考虑可控整流电路的时间滞后和非线性因素时，其关系为

$$u_a = K_s u_k \tag{2-50}$$

式中，K_s 是整流电路的放大系数。

4. 反馈元件（测量元件）

其输入量是电动机的转速 n，输出量是反馈电压 u_f，关系如下

$$u_f = \alpha n \tag{2-51}$$

5. 控制对象

直流电动机的输入量是电枢电压，也是整流电压 u_d，输出量是电动机的转速 n，直流电动机模型的建立过程见"任务 3"，其关系为

$$T_a T_m \frac{\mathrm{d}^2 n}{\mathrm{d}t} + T_m \frac{\mathrm{d}n}{\mathrm{d}t} + n = \frac{u_d}{C_e} \tag{2-52}$$

（三）求各环节的传递函数

对组成系统的各个环节的微分方程分别进行拉氏变换，求出各自的传递函数，画出各环节的功能框。其顺序为微分方程→拉氏变换式→传递函数→功能框。现将直流电动机的各功能框列于表 2 - 3 中。

（四）确定系统的输入量和输出量

根据图 2 - 29 的系统组成及原理分析，确定系统输出量为电机的转速 n，电位器给定电压 u_g 为系统的输入量。

（五）通过因果关系找出对应的功能框

通过"上一环节的输出量是下一环节的输入量"这一因果关系，找出对应的各功能框，如比较环节的输入量为 $u_g - u_f$，输出量为偏差电压 Δu，又如电压放大环节的输入量为 Δu，输出量为 u_k，同理，功率放大环节的输入量为 u_k。

（六）确定各环节的连接关系，组合各功能框

其连接关系为：比较环节→电压放大环节→功率放大环节→直流电动机→反馈环节→比较环节。

表 2 - 3　直流调速系统各环节的功能框

名称	微分方程及拉氏变换式	传递函数	功能框
比较环节	$\Delta u_k = u_g - u_f$ $\Delta U_k(s) = U_g(s) - U_f(s)$		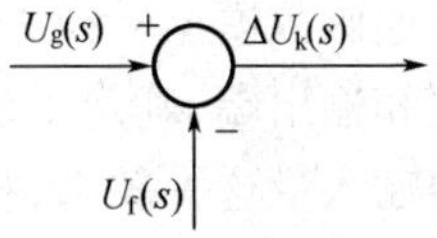
放大环节	$u_k = K_1 \Delta u$ $U_k(s) = K_1 \Delta U(s)$	$\dfrac{U_k(s)}{\Delta U_k(s)} = K$ $G_4(s) = K$	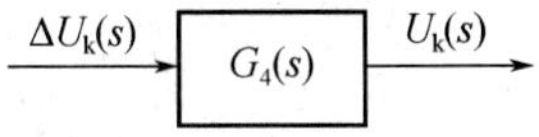
功率放大	$u_a = K_s u_k$ $U_a(s) = K_s U_k(s)$	$\dfrac{U_a(s)}{U_k(s)} = K_s$ $G_5(s) = K_s$	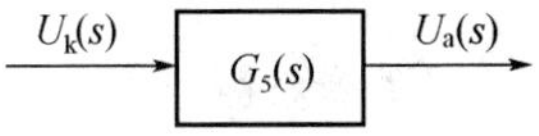
反馈环节	$u_f = \alpha n$ $U_f(s) = \alpha N(s)$	$\dfrac{U_f(s)}{N(s)} = \alpha$ $H_1(s) = \alpha$	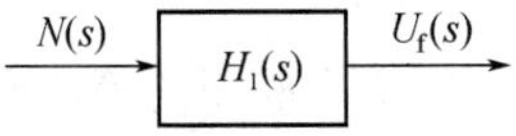
直流电动机	$i_a R + L_a \dfrac{di_a}{dt} + e = u_a$ $(R_a + L_a s) I_a(s) = U_a(s) - E(s)$	$\dfrac{U_a(s) - E(s)}{Ia(s)} = \dfrac{1}{R_a + L_a s}$ $G_1(s) = \dfrac{1/R_a}{1 + T_a s}$	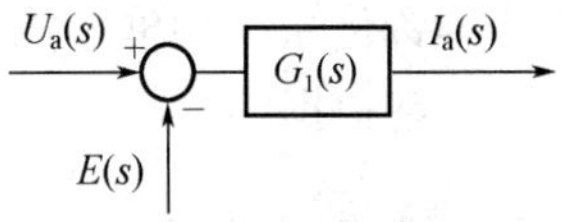
	$T_e = K_T \Phi i_a$ $T_e(s) = K_T \Phi(s) I_a(s)$	$\dfrac{T_e(s)}{I_a(s)} = K_T \Phi$ $G_2(s) = K_T \Phi$	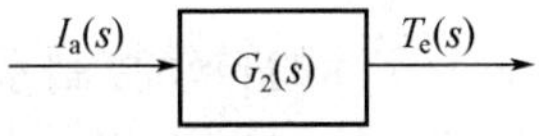
	$T_e - T_L = J_G \dfrac{dn}{dt}$ $T_e(s) = J_G s N(s)$	$\dfrac{N(s)}{T_e(s) - T_L} = \dfrac{1}{J_G s}$ $G_3(s) = \dfrac{1}{J_G s}$	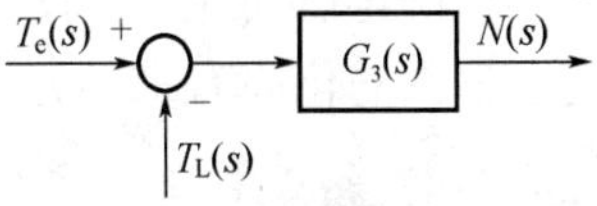
	$e = K_e \Phi n$ $E(s) = K_e \Phi N(s)$	$\dfrac{E(s)}{N(s)} = K_e \Phi$ $H_2(s) = K_e \Phi$	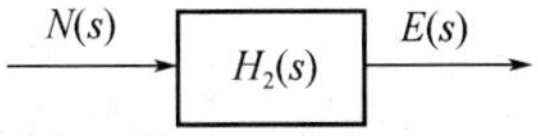

（七）连接各环节的功能框,则直流调速系统的结构框图见图 2 - 30

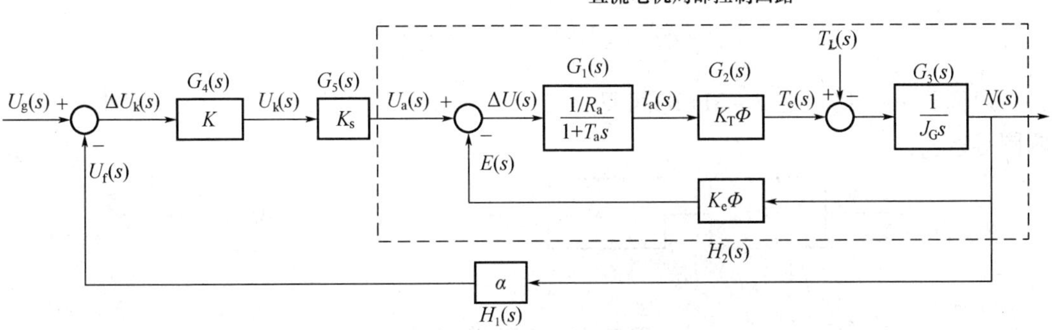

图 2 - 30　直流调速系统结构图

任务小结

传递函数模型转换为结构图模型后,系统的结构更加清楚。转换的关键是找出系统的输入端和输出端,确定系统的输入量和输出量,按照因果关系,即上一环节的输出量是下一环节的输入量这一关系,找出各环节的输入量和输出量,然后从系统的输入端开始,依次画出各环节的功能框,最后将它们连接起来。

任务8　结构框图的等效与化简

【知识目标】

掌握结构框图的等效变换规则。

【知识目标】

1. 具备化简结构框图的能力。

2. 具备根据结构框图求取闭环传递函数的能力。

一个实际的自动控制系统结构框图,其功能框之间的连接必然是错综复杂的,为了便于分析和计算,需要将其中的一些功能框基于"等效"的原则进行重新排列和整理,使复杂的结构框图得以简化。框图等效变换的原则是变换后与变换前的输入量和输出量都保持不变。框图的化简有多种方法,一般选最简单的方法。

一、框图等效变换的规则

(一)串联变换规则

当系统中有两个(或两个以上)环节串联时,其等效传递函数为各环节传递函数的乘积。即

$$G(s) = \frac{C(s)}{R(s)} = G_1(s) G_2(s) \qquad (2-53)$$

对照图 2-31(a)和 2-31(b)可见,变换前后的输入量与输出量都相等,因此(a)(b)两图等效。

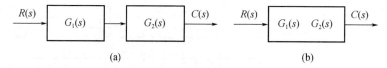

(a)　　　　　　　　　　(b)

图 2-31　框图串联变换

（二）并联变换规则

当系统中有两个（或两个以上）环节并联时，其等效传递函数为各环节传递函数的代数和。

$$G(s) = \frac{C(s)}{R(s)} = G_1(s) + G_2(s) \qquad (2-54)$$

对照图 2 - 32(a)与 2 - 32(b)不难看出，变换前后的输入量与输出量都相等，因此(a)(b)两图等效。

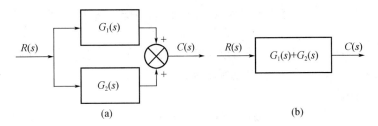

图 2 - 32　框图并联变换

（三）反馈连接变换规则

由图 2 - 33(a)可看出

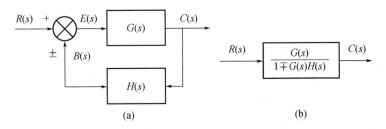

图 2 - 33　反馈连接变换

$$E(s) = R(s) \pm B(s)$$
$$C(s) = E(s)G(s) = [R(s) \pm B(s)]G(s)$$
$$B(s) = H(s)C(s)$$

将上述三个关系式中的中间变量 $E(s)$ 和 $B(s)$ 消去，可得

$$\Phi(s) = \frac{C(s)}{R(s)} = \frac{G(s)}{1 \mp G(s)H(s)} \qquad (2-55)$$

式中　$G(s)$——顺馈传递函数；

　　　$H(s)$——反馈传递函数；

　　　$\Phi(s)$——闭环传递函数；

　　　$G(s)H(s)$——闭环系统的开环传递函数。

在闭环传递函数 $\Phi(s)$ 中，负号对应负反馈，正号对应正反馈。式中 $G(s)H(s)$ 称为闭环系统的开环传递函数，简称开环传递函数，物理意义是若将图 2 - 34 中的反馈环节输出端断开，则断开处的作用量与输入量的传递关系如图 2 - 34 所示。开环传递函数是后面用频率特性法和根轨迹法分析系统的主要数学模型。但应注意不要和开环系统的传递函数相混淆。

（四）引出点和比较点的移动规则

移动规则的出发点是等效原则，即移动前后的输入量与输出量保持不变。移动前后如框图的对照表 2 - 4 所示。在系统结构框图简化过程中，有时为了便于进行框图的串联、并

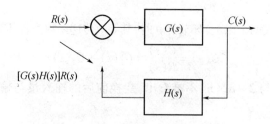

图 2 - 34   闭环系统的开环传递函数的意义

联和反馈连接的运算,常常需要移动引出点和比较点的位置。引出点和比较点的移动原则是移动前后输出量应不变,而且引出点和比较点一般不宜交换位置。

1. 比较点的移动

为保证移动前后的输入量与输出量保持不变,现以比较点前移为例来说明比较点移动前后需要增加的环节(见表 2 - 4)。

表 2 - 4   引出点和比较点的移动

	原框图	等效框图
引出点前移	$X(s) \to G(s) \to Y(s)$；$X(s)$	$X(s)$ (前) $\to G(s) \to Y(s)$ (后)；$Y(s) \gets G(s)$
引入点后移	$X(s) \to G(s) \to Y(s)$；$X(s)$	$X(s) \to G(s) \to Y(s)$；$X(s) \gets 1/G(s)$
比较点前移	$X_1(s) \to G(s) \to \otimes \to Y(s)$；$X_2(s)$	$X_1(s) \to \otimes \to G(s) \to Y(s)$；$1/G(s) \gets X_2(s)$
比较点后移	$X_1(s) \to \otimes \to G(s) \to Y(s)$；$X_2(s)$	$X_1(s) \to G(s) \to \otimes \to Y(s)$；$G(s) \gets X_2(s)$

未移动时
$$Y(s) = G(s)X_1(s) - X_2(s)$$
比较点前移后

$$Y(s) = [X_1(s) - G(s)'X_2(s)]G(s)$$

则由 $Y(s) = Y(s)$ 可得

$$G(s)X_1(s) - X_2(s) = [X_1(s) - G(s)'X_2(s)]G(s)$$

整理可得
$$G(s)' = \frac{1}{G(s)}$$

在前移支路中需要增加环节$\frac{1}{G(s)}$才能保证比较点移动后输出量$Y(s)$保持不变。

2. 引出点前移

为保证移动前后的输入量与输出量保持不变,现以引出点前移为例来说明引出点移动前后需要增加的环节(见表2-4)。

未移动时
$$Y(s) = G(s)X(s)$$
引出点前移后
$$Y(s) = G(s)'X(s)$$
则由$Y(s) = Y(s)$可得
$$G(s)X(s) = G(s)'X(s)$$
整理可得
$$G(s)' = G(s)$$

在前移支路中需要增加环节$G(s)$才能保证比较点移动后输出量$Y(s)$保持不变。

二、在系统的输入量和扰动量共同作用下控制系统的输出量

该系统同时受到输入和扰动的共同作用,对于线性系统可以利用叠加的方法,即总的输出量等于各输入量单独作用于系统的输出量的叠加,见图2-35。

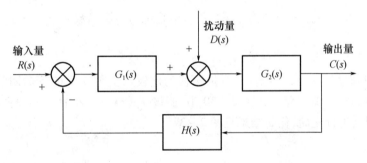

图2-35　输入与扰动共同作用的控制系统

(一)在输入量$R(s)$单独作用下的系统闭环传递函数和输出量

单独考虑输入量$R(s)$对系统的作用时,可认为扰动量$D(s)$为零,系统的框图可化简为图2-36(a)的形式。此时系统的闭环传递函数为
$$\Phi_r(s) = \frac{G_1(s)G_2(s)}{1 + G_1(s)G_2(s)H(s)}$$

系统的输出量$C_r(s)$为
$$C_r(s) = \frac{G_1(s)G_2(s)}{1 + G_1(s)G_2(s)}R(s) \tag{2-56}$$

(二)在扰动作用量$D(s)$单独作用下的系统闭环传递函数和输出量

单独考虑扰动量$D(s)$对系统作用时,可认为输入量$R(s)$为零,此时系统变换为图2-36(b)的形式(虽然反馈位置变了,但反馈的极性保持不变)。此时系统的闭环传递函数为
$$\Phi_d(s) = \frac{G_2(s)}{1 + G_1(s)G_2(s)H(s)}$$

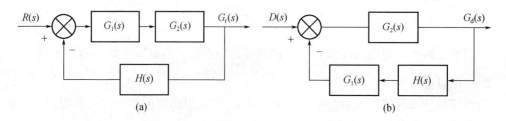

图2-36 输入与扰动分别作用的结构框图

$$C_d(s) = \frac{G_2(s)}{1 + G_1(s)G_2(s)H(s)}D(s) \qquad (2-57)$$

则系统的总的输出量为

$$
\begin{aligned}
C(s) &= C_r(s) + C_d(s) \\
&= \frac{G_1(s)G_2(s)}{1 + G_1(s)G_2(s)H(s)}R(s) + \frac{G_2(s)}{1 + G_1(s)G_2(s)H(s)}D(s)
\end{aligned}
\qquad (2-58)
$$

一、任务

化简图2-30直流调速系统结构图,并求出系统的传递函数。

二、任务实施过程

(一)通过移动比较点或引出点(尽量不移动比较点),使交叉的反馈回路不再交叉,由内向外化简局部负反馈回路。在图2-30中,假设$T_L(s)=0$,将直流调速系统中直流电动机局部控制回路进行化简,化简结果见图2-37。

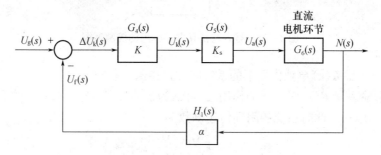

图2-37 化简后的直流调速系统的结构图

其中$G_6(s)$为直流电动机的传递函数

$$G_6(s) = \frac{G_1(s)G_2(s)G_3(s)}{1 + G_1(s)G_2(s)G_3(s)H_1(s)} = \frac{1/(K_e\Phi)}{T_mT_as + T_ms + 1}$$

(二)化简图2-37中的前向通路,使前向通路中的环节等效为一个环节,化简后的结构图见图2-38。

$$G_7(s) = G_4(s)G_5(s)G_6(s)$$

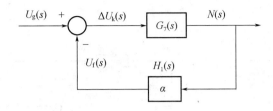

图 2 − 38　化简的框图

(三)将图 2 − 38 等效为一个环节,即

则系统的闭环传递函数 $\Phi(s)$ 为

$$\Phi(s) = \frac{N(s)}{U_g(s)} = \frac{G_7(s)}{1 + G_7(S)H_2(S)} \tag{2-59}$$

将 $G_6(s)$ 代入 $G_7(s)$ 表达式,经过整理后,再将 $G_7(s)$ 和 $H_2(s)$ 代入(2 − 59)式,并化简可得到直流调速系统的闭环传递函数。

结构框图等效是按照框图的等效变换规则进行的,先化简局部反馈回路,然后再等效前向通路,如果求取传递函数,则按照反馈等效原则,将结构框图等效为一个环节。

综合任务　RC 电路的模型建立及其结构图的化简①

具备将复杂的传递函数模型转化为结构框图模型及对交叉的结构框图进行化简的能力。

通过 RC 滤波电路,建立电路的微分方程和传递函数模型,然后将传递函数模型转化为结构框图模型,并对交叉的结构框图进行化简,这是本任务要重点解决的问题,因为在实际工程中,会经常遇到结构框图各回路交叉的问题,让交叉的回路不再交叉,有利于框图的化简。

任务实施

一、任务

RC 滤波电路见图 2 − 39,建立 RC 电路的数学模型,将数学模型转化为结构图模型,并

---

① "综合任务"可根据学生学习情况选择性实施。

将框图进行化简。

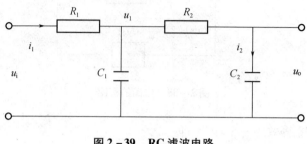

图 2 - 39   RC 滤波电路

二、任务实施过程

（一）建立 RC 滤波电路的微分方程

电路的输入量为 u_i，输出量为 u_o。利用电路的基本定律可写出图 2 - 39 的 RC 电路方程，将微分方程进行拉氏变换，求出各环节的传递函数，并画出各环节的功能框图，列于表 2 - 5。

表 2 - 5   RC 滤波电路的功能框

名称	微分方程及拉氏变换式	传递函数	功能框
比较环节	$u_i - u_1 - i_1 R_1 = 0$ $U_i(s) - U_1(s) = I_1(s)R$	$\dfrac{I_1(s)}{U_i(s) - U_1(2)} = \dfrac{1}{R_1}$	
放大环节	$u_1 = \dfrac{1}{C_1} \int (i_1 - i_2) \, \mathrm{d}t = 0$ $U_1(s) = \dfrac{1}{C_1 s}[I_1(s) - I_2(s)]$	$\dfrac{U_1(2)}{I_1(s) - I_2(2)} = \dfrac{1}{C_1 s}$	
功率放大	$u_1 - u_o - R_2 i_2 = 0$ $U_1(s) - U_o(s) = I_2(s)R_2$	$\dfrac{I_2(s)}{U_1(s) - U_o(s)} = \dfrac{1}{R_2}$	
反馈环节	$u_0 = \dfrac{1}{C_2} \int i_2 \mathrm{d}t = 0$ $U_0(s) = \dfrac{1}{C_2 s} I_2(S)$	$\dfrac{U_o(s)}{I_2(s)} = \dfrac{1}{C_2 s}$	

（二）绘制 RC 滤波电路的结构框图

按照各环节之间的因果关系，从系统输入端开始连接各功能框图，框图见图 2 - 40。

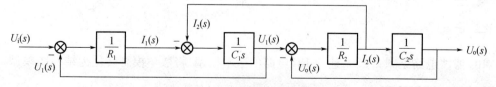

图 2 - 40   RC 滤波电路的结构图

（三）RC 滤波电路的结构图化简及其传递函数的求取

在图 2-40 中，有一个负反馈控制回路与另外两个负反馈控制回路交叉，必须移动引出点或交叉点，使它们不再交叉。移动引出点进行化简比较方便，RC 滤波电路的化简如图 2-41 所示。

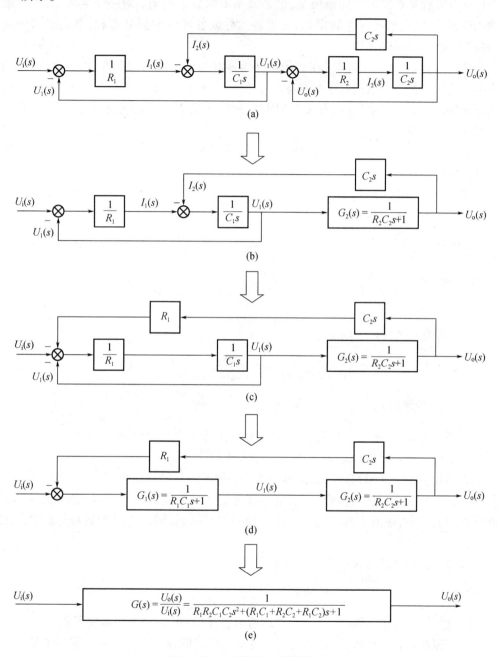

图 2-41　RC 滤波电路化简过程

对于交叉的结构框图化简，首先要观察要被化简的框图，找出化简的切入点，通过移动

比较点和引出点,使交叉的框图不再交叉,化简的方法不止一种,先移动引出点比较方便。

 项 目 小 结

1. 微分方程是系统的时间域模型,也是最基本的数学模型。对一个实际系统,一般是从输入端开始,依次根据有关的定律,写出各元件或各环节的微分方程,然后消去中间变量,并将方程整理成标准形式。

2. 传递函数是系统(或环节)在初始条件为零时的输出量的拉氏变换式和输入量的拉氏变换式之比。传递函数只与系统本身内部结构、参数有关,而与给定输入量、扰动量等外部因素无关。它代表了系统(或环节)的固有特性,是系统的复数域模型,也是自动控制系统最常用的数学模型。

3. 对同一个系统,若选取不同的输出量或不同的输入量,则其对应的微分方程表达式和传递函数也不相同。

4. 典型环节的传递函数有:

(1)比例:$G(s) = K$

(2)积分:$G(s) = \dfrac{1}{Ts}$

(3)惯性:$G(s) = \dfrac{1}{1 + Ts}$

(4)微分:$G(s) = \tau s$

(5)比例微分:$G(s) = \tau s + 1$

(6)振荡环节:$G(s) = \dfrac{1}{T^2 s^2 + 2\xi Ts + 1} = \dfrac{\omega_n^2}{s^2 + 2\xi\omega_n s + \omega_n^2}(0 < \xi < 1)$

(7)延迟(纯滞后):$G(s) = \mathrm{e}^{-\tau_0 s} = \dfrac{1}{\mathrm{e}^{\tau_0 s}}$

对一般的自动控制系统,应尽可能将它分解为若干个典型的环节,以利于理解系统的构成和系统的分析。

5. 自动控制系统的结构框图是传递函数的一种图形化的描述方式,是一种图形化的数学模型。它由一些典型环节组合而成,能直观地显示出系统的结构特点、各参变量和作用量在系统中的地位,还清楚地表明了各环节间的相互联系,因此它是理解和分析系统的重要方法。

6. 反馈连接时闭环传递函数的求取公式为

$$\Phi(s) = \frac{G(s)}{1 \mp G(s)H(s)}$$

式中,$\Phi(s)$为闭环传递函数;$H(s)$为反馈传递函数;$G(s)H(s)$为开环传递函数。

7. 对较复杂的系统框图,可以通过引出点或比较点的移动加以化简。移动的依据是移动前后输入量与输出量保持不变。

8. 建立系统框图的一般步骤

(1)全面了解系统的工作原理、结构组成和支配系统工作的物理规律,并确定系统的输入量(给定量)和输出量(被控量)。

(2)将系统分解成若干个单元(或环节或部件),然后从被控量出发,由控制对象→执行

环节→功率放大环节→控制环节(含给定环节、反馈环节、调节器或控制器以及给定信号和反馈信号的综合等)→给定环节,逐个建立各环节的数学模型。通常根据各环节(或各部件)所遵循的物理定律,依次列写它们的微分方程,并将微分方程整理成标准形式,然后进行拉氏变换,求得各环节的传递函数,并把传递函数整理成标准形式(分母的常数项为1),画出各环节的功能框。

(3)根据各环节间的因果关系,按照各环节的输入量和输出量,依次连接,便可建立整个系统的框图。

(4)在框图上画上信号流向箭头(开叉箭头),比较点注明极性,引出点画上节点(指有四个方向的),标明输入量、输出量,反馈量、扰动量及各中间变量(均为拉氏式)。

 项目习题

1. 定义传递函数的前提条件是什么?
2. 惯性环节在什么条件下可以近似为比例环节?在什么条件下可以近似为积分环节?
3. 动态结构图化简变换的原则是什么?
4. 对于一个确定的自动控制系统,它的微分方程、传递函数、动态结构图的形式都将是唯一的。这种说法对吗?为什么?
5. 试列写图 2-42 所示无源网络的微分方程,并求其传递函数。

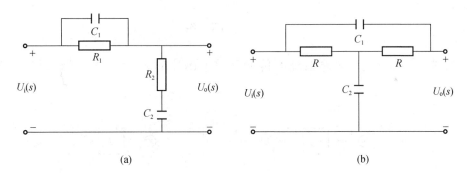

(a)   (b)

图 2-42 习题 5 图

6. 试求图 2-43 所示有源网络的微分方程,并求其传递函数。

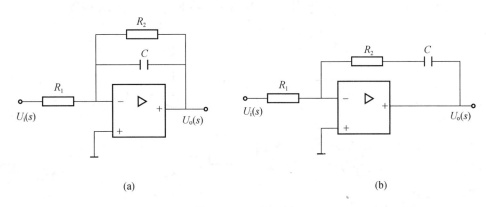

(a)   (b)

图 2-43 习题 6 图

7. 如图 2－44 所示,将动态结构图化简,并求出传递函数。

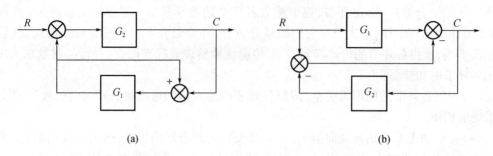

(a)   (b)

图 2－44   习题 7 图

8. 如图 2－45 所示,将结构图化简,并求出传递函数。

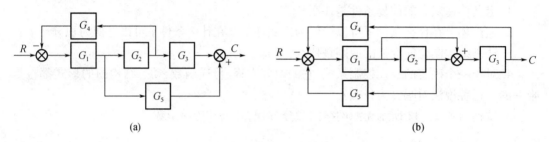

(a)   (b)

图 2－45   习题 8 图

9. 如图 2 － 46 所示,试求系统的传递函数 $C(s)/R(s)$, $C(s)/N(s)$, $E(s)/R(s)$ 和 $E(s)/N(s)$。

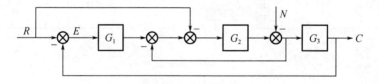

图 2－46   习题 9 图

10. 如图 2－47 所示,试化简下列系统结构框图,并求出相应的传递函数。

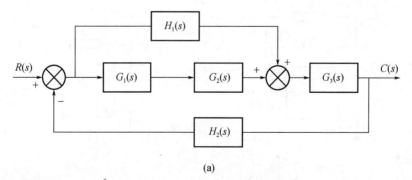

(a)

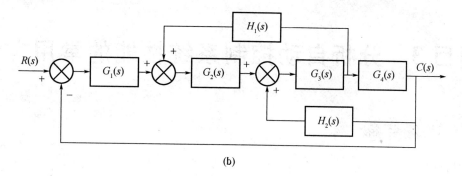

(b)

图 2 –47 习题 10 图

项目3　分析自动控制系统性能的常用方法

 项目目标

【知识目标】

　　1. 掌握时域分析方法。

　　2. 掌握频率特性的概念、表示方法和伯德图（Bode 图）的定义。

　　3. 掌握典型环节的对数频率特性。

　　4. 掌握开环对数频率特性曲线的简便画法。

【能力目标】

　　具备绘制系统开环对数频率特性曲线的能力。

 项目描述

　　建立控制系统的数学模型后,可从系统的传递函数出发,对系统的性能进行分析。在经典控制理论中,一般采用时域分析法、频率特性法和根轨迹分析法来分析系统的性能,这三种方法各有优缺点,都不能单独对系统的性能作全面准确的分析,必须相互补充,才能发挥各自的优点。

　　无论采用时域分析法还是频率特性分析法,必须要绘制有关的曲线。绘制过渡过程曲线和系统的开环频率特性曲线(包括开环对数频率特性曲线),是分析系统性能必备的能力。在 MATLAB 软件未出现之前,控制系统的分析大多是由手工和计算机辅助相结合的方式完成,工作量很大。MATLAB 软件的出现,使控制系统的分析和设计状况得到了很大改善。

任务1　时域分析方法

 任务目标

【知识目标】

　　1. 掌握时域分析法的基本概念。

　　2. 掌握时域分析方法及其分析过程。

【能力目标】

　　初步具备用时域分析法分析系统的能力。

 任务描述

　　所谓时域分析法就是系统微分方程以时间 t 为自变量,系统在典型信号的作用下,根据系统的数学模型,直接解出系统输出量的时间响应 $c(t)$,然后根据响应的数学表达式(例如微分方程的解)及其描述的时间响应曲线来分析系统的控制性能,如稳定性、动态性能、稳

态性能等。时域分析法最大的特点是直观,因而常常被作为学习控制系统分析的入门手段。通过对一阶系统时域分析,掌握时域分析的基本方法。

 相 关 知 识

控制系统常用的典型输入信号

在时间域(属于实数域)进行分析时,为了比较不同系统的控制性能,需要规定一些具有典型意义的输入信号建立分析比较的基础,这些信号称为控制系统的典型输入信号。

一、对典型输入信号的要求

(一)能够使系统在接近于极端的状态下工作;形式简单,便于解析分析;实际中可以实现或近似实现。

(二)常用的典型输入信号见表 3 - 1。

表 3 - 1 常用的典型输入信号

名称	时域表达式	复数域表达式	时域的信号图像
单位阶跃信号	$l(t)(t\geq0)$	$\dfrac{1}{s}$	
单位斜坡信号 (等速信号)	$t(t\geq0)$	$\dfrac{1}{s^2}$	
等加速信号 (抛物线信号)	$\dfrac{1}{2}t^2(t\geq0)$	$\dfrac{1}{s^3}$	
单位脉冲信号	$\delta(t)(t=0)$	1	
正弦信号	$A\sin\omega t$	$\dfrac{A\omega}{s^2+\omega^2}$	

二、典型输入信号选择的原则

（一）脉冲信号。模拟系统突然遇到脉动电压、机械碰撞、敲打冲击等。

（二）阶跃信号。实际系统的输入具有突变性质，例如模拟电源突然接通、负荷突然变化、指令突然转换等。

（三）速度信号。实际系统的输入随时间逐渐变化（匀速变化）。

保证典型输入信号与实际输入信号有着良好的对应关系，且代表最恶劣的输入情况，因此，当系统的设计基于典型信号来进行时，那么在实际输入的情况下，系统响应特性一般是能够满足要求的。

需要注意的是对于同一系统，无论采用哪种输入信号，由时域分析法所表示的系统本身的性能不会改变。

任 务 实 施

一、任务

用时域分析法分析 RC 滤波电路构成的一阶系统跟随单位斜坡信号的能力。

二、任务实施过程

（一）RC 滤波电路

如图 3 - 1 所示。

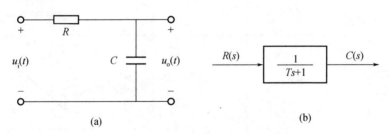

（a）   （b）

图 3 - 1 RC 滤波电路

（二）建立 RC 滤波电路的微分方程模型

RC 电路见图 3 - 1（a），根据电路的基本定律，RC 电路的微分方程为

$$RC \frac{\mathrm{d}u_{\mathrm{o}}(t)}{\mathrm{d}t} + u_{\mathrm{o}}(t) = u_{\mathrm{i}}(t) \tag{3-1}$$

（三）对式（3 - 1）进行拉氏变换并整理，求出电路的传递函数和结构框图

$$G(s) = \frac{U_{\mathrm{o}}(s)}{U_{\mathrm{i}}(s)} = \frac{1}{Ts+1} \quad (T = RC) \tag{3-2}$$

由式（3 - 2）可见，该电路是一个典型的惯性环节，属于一阶系统。

（四）求出一阶系统输出量 $c(t)$ 的时域表达式

对一阶系统，若输入信号为单位斜坡信号，即 $u_{\mathrm{i}}(t) = t$，其拉氏变换 $U_{\mathrm{i}}(s) = 1/s^2$，则一阶电路的输出量 $U_{\mathrm{o}}(s)$ 为

$$U_o(s) = \frac{1}{Ts+1} \times U_i(s) = \frac{1}{Ts+1} \times \frac{1}{s^2} = \frac{1/T}{\left(s+\dfrac{1}{T}\right)} \times \frac{1}{s^2}$$

1. 将上式由乘积的形式化为和的形式

$$U_o(s) = \frac{A_1}{s+\dfrac{1}{T}} + \frac{B_1}{s-0} + \frac{B_2}{(s-0)^2}$$

2. 利用"项目2"任务1中的拉氏反变换知识计算待定系数 A_1，B_1 和 B_2

$$A_1 = \left[\left(s+\frac{1}{T}\right)U_o(s)\right]\Bigg|_{s=-\frac{1}{T}} = \left[\left(s+\frac{1}{T}\right) \times \frac{1/T}{\left(s+\dfrac{1}{T}\right)} \times \frac{1}{s^2}\right]\Bigg|_{s=-\frac{1}{T}} = T$$

$$B_1 = \frac{\mathrm{d}}{\mathrm{d}s}\left[(s-0)^2 U_o(s)\right]\Bigg|_{s=0} = \left[\frac{-T}{(Ts+1)^2}\right]\Bigg|_{s=0} = -T$$

$$B_2 = \left[(s-0)^2 U_o(s)\right]\Bigg|_{s=0} = \left[\frac{1/T}{s+\dfrac{1}{T}}\right]\Bigg|_{s=0} = 1$$

待定系数 A_1，B_1，B_2 也可以通过对 $U_o(s)$ 进行通分，然后解三元一次方程可求得待定系数。$U_o(s)$ 的最终部分分式和展开形式为

$$U_o(s) = \frac{T}{s+\dfrac{1}{T}} - \frac{T}{s} + \frac{1}{s^2}$$

3. 对上式进行拉氏反变换，求出电路输出量 $u_o(t)$ 的时域表达式

$$u_o(t) = L^{-1}\left[U_o(s)\right] = t - T + Te^{-t/T} \tag{3-3}$$

（五）分析一阶系统的性能

1. 画出系统输出量 $u_o(t)$ 随时间变化的曲线

从式（3-3）$u_o(t)$ 的表达式出发，采用描点的方法，绘制系统的过渡过程曲线，见图3-2。

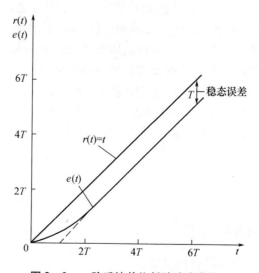

图3-2　一阶系统单位斜坡响应曲线

2. 系统跟随单位斜坡信号的能力

由图 3 – 2 可看出,系统的过渡过程结束后,系统的输出量 $u_o(t)$ 与输入量 $u_i(t)$ 的变化规律一致,两条曲线平行,系统能跟随输入量的变化而变化,即输出量"再现"了输入量。但两条曲线没有重合,说明系统在稳定运行(稳态)时,存在一个恒定的误差,这个误差就是稳态误差 e_{ss},其数值大小可由系统误差 $e(t)$ [系统误差的概念见"项目 4—模块 2—任务 1",$e(t) = u_i(t) - u_o(t)$],通过求极限的方法求得,则 e_{ss} 为

$$e_{ss} = \lim_{t \to \infty} e(t) = \lim_{t \to \infty} \left[u_i(t) - u_o(t) \right] = \lim_{t \to \infty} \left[t - (t - T + Te^{-t/T}) \right] = \lim_{t \to \infty} \left[T(1 - e^{-t/T}) \right] = T$$

由上式看出,跟随稳态误差 e_{ss} 与一阶系统的惯性时间常数 T 成正比,T 越大,稳态 e_{ss} 也越大,为减小稳态误差,应设法减小系统的时间常数 T。

 任务小结

时域分析法的实质是通过拉氏变换和反变换,求系统微分方程的解,然后从方程的解开始分析系统的性能,其中包含了两个内容:一是对解的表达式进行数学分析,求出描述系统性能的量;二是通过绘制过渡曲线,分析系统的性能。

任务 2　频率特性分析法

 任务目标

1. 掌握频率特性的基本概念及表示方法。
2. 掌握频率特性及对数频率特性的数学求取方法。
3. 掌握伯德(Bode)图的定义。

 任务描述

频率特性分析法是一种间接研究控制系统性能的工程方法,是一种图解分析法,它是通过系统的开环频率特性来分析闭环系统的稳定性、动态性和稳态性能,因而可以避免繁杂的求解运算,计算量较小。频率特性分析法研究系统的依据是频率特性,频率特性是控制系统的又一种数学模型,具有明确的物理意义,可用实验的方法来确定,因此,对于难以获得数学模型的系统来说,具有很重要的实际意义。频率特性分析法还能方便地分析系统参数变化对系统的影响,指出改善系统性能的途径。频率特性分析法不仅适用于线性系统的分析,而且可以推广到某些非线性控制系统。频率特性分析法已经是一种在工程上广泛采用的成熟、实用的分析方法。

 **任务实施**

一、频率特性概念的引入

现以 RC 电路来说明频率特性的概念。

(一)RC 电路网络(图 3 – 3)的传递函数

其传递函数为

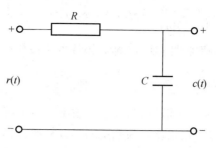

图3-3　RC电路网络

$$G(s) = \frac{C(s)}{R(s)} = \frac{1}{Ts+1}$$

式中，$T = RC$，为电路的惯性时间常数。设电路网络的输入量为正弦电压信号，即 $r(t) = A\sin\omega t$ 对应的拉氏变换式为

$$R(s) = \frac{A\omega}{s^2 + \omega^2}$$

所以有

$$C(s) = \frac{1}{Ts+1} \times \frac{A\omega}{s^2 + \omega^2}$$

（二）RC电路网络的时域表达式

将上式拉氏反变换，可得到输出量（此处为电压）的时域表达式为

$$c(t) = \frac{A\omega T}{1 + \omega^2 T^2} e^{-t/T} + \frac{A}{\sqrt{1 + \omega^2 T^2}} \sin(\omega t + \varphi)$$

式中，$\varphi = -\arctan(\omega T)$，$T$ 为惯性环节的时间常数；ω 为角频率（rad/s）。

$c(t)$ 表达式中第一项是过渡过程分量，随着时间的无限增长，过渡过程分量衰减为零；第二项是稳态分量，不会随着时间的推移而衰减为零。显然，RC电路的稳态响应为

$$c(t) = \frac{A}{\sqrt{1 + \omega^2 T^2}} \sin(\omega t + \varphi) \qquad (3-4)$$

（三）RC网络的频率特性

由以上分析可见，当电路输入为正弦信号时，输出量（此处为电压）的稳态响应仍为一个同频率的正弦信号，其频率和输入信号相同，但幅值和相角发生了变化，幅值衰减为原来的 $\dfrac{1}{\sqrt{1 + \omega^2 T^2}}$，相位滞后了 $\arctan(\omega t)$，且均为 ω 的函数。

输出量 $c(t)$ 的幅值相对于输入量 $r(t)$ 幅值的比值用 $M(\omega)$ 表示，则

$$M(\omega) = \frac{1}{\sqrt{1 + (T\omega)^2}}$$

输出量 $c(t)$ 的相位相对于输入量 $r(t)$ 的相位差用 $\varphi(\omega)$ 表示，则

$$\varphi(\omega) = -\arctan(\omega T)$$

由此可看出，输出响应衰减的幅值 $M(\omega)$、滞后的相位 $\varphi(\omega)$ 均为频率 ω 的函数，随着 ω 的变化而变化。通过分析发现 $M(\omega)$ 和 $\varphi(\omega)$ 是复数 $G(j\omega)$ 的幅值和相角，复数 $G(j\omega)$ 的表达式为

$$G(j\omega) = \frac{1}{1+jT\omega} = \frac{1-jT\omega}{1+(T\omega)^2} = M(\omega)\angle\varphi(\omega) = \frac{1}{\sqrt{1+(T\omega)^2}}\angle -\arctan T\omega \quad (3-5)$$

则，$G(j\omega)$ 称为 RC 电路的频率特性；$M(\omega)$ 称为幅频特性；$\varphi(\omega)$ 为相频特性。

二、频率特性的定义

对线性系统,若其输入为正弦信号,则其稳态输出信号也将是同频率的正弦信号(见图 3-4),输出信号与输入信号的振幅比称为系统的幅频特性,记作 $M(\omega)$;输出信号与输入信号的相位差称为系统的相频特性,记作 $\varphi(\omega)$,幅频特性、相频特性合称为频率特性 $G(j\omega)$。频率特性 $G(j\omega)$ 表示式为

$$G(j\omega) = |G(j\omega)|\angle G(j\omega)$$
$$M(\omega) = |G(j\omega)| \quad (3-6)$$
$$\varphi(\omega) = \angle G(j\omega)$$

图 3-4　线性系统的频率特性响应示意图

幅频特性表征系统输出对不同频率正弦输入信号幅度衰减或放大的特性;相频特性描述系统输出对不同频率正弦输入信号相位的超前或滞后的特性;而频率特性反映了系统输出对正弦输入信号的同频、变幅、移相特性。

三、频率特性的性质

(一)频率特性描述了系统的内在特性,与外界因素无关。当系统结构参数给定,则频率特性也完全确定。因此,频率特性也是一种数学模型。

(二)频率特性是在系统稳定的前提下求得的,不稳定的系统则无法直接观察到稳态响应。

(三)从理论上讲,系统动态过程的稳态分量总可以分离出来,而且其规律并不依赖于系统的稳定性。可将频率特性的概念扩展为线性系统正弦输入作用下,输出稳态分量和输入的复数比。因此,频率特性是一种稳态响应。

(四)系统的稳态输出量与输入量具有相同的频率,且 $G(j\omega)$,$M(\omega)$,$\varphi(\omega)$ 都是频率 ω 的复变函数,都随频率 ω 的改变而改变,而与输入幅值无关。

(五)频率特性反映了系统性能,不同的性能指标对系统频率特性提出不同的要求。反之,由系统的频率特性也可确定系统的性能指标。

(六)频率特性一般适用于线性元件或系统的分析,也可推广应用到某些非线性系统的分析。

四、频率特性与传递函数之间的关系

频率特性 $G(j\omega)$ 是复数 $s = \sigma + j\omega$ 在 $\sigma = 0$ 时,传递函数 $G(s)$ 的特殊形式,它们之间的

关系为

$$G(j\omega) = G(s)\mid_{s=j\omega} \qquad (3-7)$$

频率特性是定义在复平面(s)虚轴上的传递函数,因此,频率特性和系统的微分方程、传递函数一样反映了系统的固有特性。三者的关系如图3-5所示。

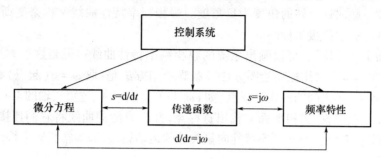

图3-5 频率特性、传递函数和微分方程之间的关系

利用频率特性与传递函数之间的关系,可用数学方法直接从传递函数出发,求出频率特性。其方法为:将 $s = j\omega$ 代入传递函数 $G(s)$,即可得到频率特性 $G(j\omega)$。

五、频率特性的表示

(一)频率特性的数学表示

指数表示:

$$G(j\omega) = M(\omega)e^{j\varphi(\omega)} \qquad (3-8)$$

极坐标表示:

$$G(j\omega) = M(\omega)e^{j\varphi(\omega)} \qquad (3-9)$$

直角坐标表示:

$$G(j\omega) = U(\omega) + jV(\omega) \qquad (3-10)$$

上式中,$U(\omega)$ 称为实频特性;$V(\omega)$ 称为虚频特性。其中

$$\begin{cases} U(\omega) = M(\omega)\cos[\varphi(\omega)] \\ V(\omega) = M(\omega)\sin[\varphi(\omega)] \end{cases}$$

$$\begin{cases} M(\omega) = |G(j\omega)| = \sqrt{U(\omega)^2 + V(\omega)^2} \\ \varphi(\omega) = \angle G(j\omega) = \arctan\dfrac{V(\omega)}{U(\omega)} \end{cases} \qquad (3-11)$$

它们之间的关系如图3-6所示。

例如,比例微分环节的传递函数为 $G(s) = \tau s + 1$,令传递函数中的复变量 $s = j\omega$,则比例微分环节的频率特性为

频率特性 $G(j\omega) = j\omega\tau + 1$

幅频特性 $M(\omega) = |G(j\omega)| = \sqrt{1 + (\tau\omega)^2}$

相频特性 $\varphi(\omega) = \angle G(j\omega) = \arctan\tau\omega$

(二)频率特性的图形表示方法

频率特性分析法是一种图解分析,其最大的特点

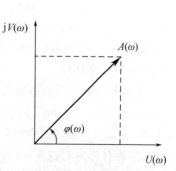

图3-6 频率特性曲线

就是将系统的频率特性用曲线表示出来,非常直观。常用的频率特性曲线有以下两种。

1.幅相频率特性曲线(Nyquist 图)

幅相频率特性曲线以 ω 为参变量,将幅频特性 $M(\omega)$ 和相频特性 $\varphi(\omega)$ 表示在复平面上,复平面上的模代表幅频值,幅角代表相频值,实轴正方向为相角零度线,逆时针旋转的角度为正角度。顺时针旋转的角度为负角度。幅相频率特性曲线又称奈奎斯特(Nyquist)曲线,简称奈氏图,也称极坐标图。

在复平面上逐点描绘,可以画出系统的幅相频率特性曲线。但是这种方法计算麻烦,一般不常用,实际中常采用概略绘图方法。概略绘图方法是:取 $\omega = 0$(起点)和 $\omega = \infty$(终点)两点及 $0 < \omega < \infty$ 之间的一些特征点(如 $\omega = 1/T$ 交接频率、过负实轴的点),计算这些点处的幅频值和相频值,在幅相平面上找出这些点,并用光滑的曲线将它们连接起来。当频率 ω 从零变到无穷大时,幅相频率特性向量矢端的运动轨迹,即为幅相频率特性曲线。

例如,RC 电路网络的频率特性为

$$G(j\omega) = \frac{1}{1 + jT\omega} = \frac{1}{\sqrt{1 + \omega^2 T^2}} e^{-j\arctan\omega T}$$

当 $\omega = 0$ 时,$M(\omega) = |G(j\omega)| = \dfrac{1}{\sqrt{1 + (T\omega)^2}} = 1$,$\varphi(\omega) = -\arctan\omega T = 0$;

当 $\omega \to \infty$ 时,$M(\omega) = |G(j\omega)| = \dfrac{1}{\sqrt{1 + (T\omega)^2}} = 0$,$\varphi(\omega) = -\arctan\omega T = -90°$;

当 $\omega = 1/T$ 时,$M(\omega) = |G(j\omega)| = \dfrac{1}{\sqrt{1 + (T\omega)^2}} = 0.707$,$\varphi(\omega) = -\arctan\omega T = -45°$。

由此可以概略绘出幅相频率特性曲线,如图 3 - 7 所示,图中 $|OA| = 0.707$,$\varphi = -45°$。

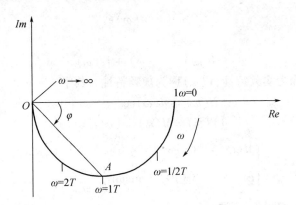

图 3 - 7　RC 电路网络的幅相频率特性曲线

2.对数频率特性曲线(Bode 图)

(1)对数频率特性

对数频率特性是对频率特性 $G(j\omega)$ 取自然对数后获得的,即

$$\ln G(j\omega) = \ln[M(\omega) e^{j\varphi(\omega)}] = \ln M(\omega) + j\varphi(\omega)$$

$\ln M(\omega)$ 是 ω 的函数,称为对数幅频特性,用 $L(\omega)$ 表示;$\varphi(\omega)$ 是 ω 的函数,称为对数相频特性,两者合称为对数频率特性。在实际应用中,并不以自然对数来表示对数频率特性,而是采用以 10 为底的常用对数表示,这样,对数频率特性可定义为

$$\begin{cases} L(\omega) = 20\lg M(\omega) \quad \text{dB} \\ \varphi(\omega)(°) \end{cases} \quad\quad (3-12)$$

（2）对数频率特性曲线

在工程实际中，通常将频率特性画成对数坐标图形式，这种对数频率特性曲线又称
Bode 图，是由对数幅频特性曲线和对数相频特性曲线两部分组成。对数频率特性曲线的横
坐标表示频率 ω，按 ω 的对数 $\lg\omega$ 分度，称为对数分度，单位为弧度/秒（rad/s）。其意义在
于频率 ω 每变化十倍，横坐标就增加 1 个单位长度，这个长度单位代表了 10 倍频的距离，
故称为十倍频程，记做 dec。对数频率特性曲线的纵坐标表示幅频特性的对数值，按线性分
度，单位为分贝（dB），记做 $L(\omega)$，有

$$L(\omega) = 20\lg M(\omega) = 20\lg|G(j\omega)|$$

对数相频特性曲线的横坐标也是按 ω 的对数 $\lg\omega$ 分度，纵坐标表示 $\varphi(\omega)$，按线性分
度，单位是度（°）。其表达式和频率特性的表达式相同，但相频特性的单位是（°），而频率特
性中的相频特性单位为 rad/s。

对数坐标及横坐标的对数分度特点如图 3-8 所示。

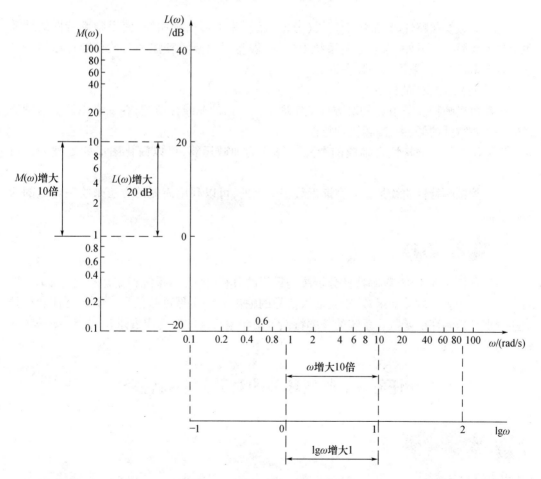

图 3-8   对数坐标及分度的示意图

由图 3-8 可以看出，当 $\omega = 1, 10, 100, \cdots$ 时，$\lg\omega = 0, 1, 2, \cdots$，即横坐标采用对数分度

后,对 ω 而言是不均匀的,但对 $\lg\omega$ 而言却是均匀的(见图 3 – 9)。若频率从 1 到 10 变化,当频率每变化一倍(称为一倍频程),易求得间隔距离变化 0.301 单位长度。十倍频程的间隔距离的变化为 3.32 个一倍频程的间隔距离见图 3 – 9。显然,由于横轴以对数分度,则零频率在线性分度的负无穷处。

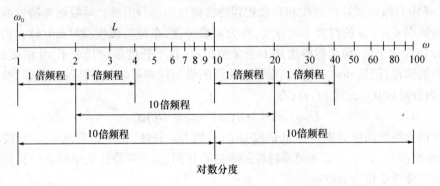

图 3 – 9   1 倍频程和 10 倍频程

在画对数幅频特性时,常用渐近线(分段直线)来近似精确曲线,使得频率特性的计算和绘制大为简化。另外,为了分析系统方便,一般将对数幅频特性和对数相频特性绘在一张半对数坐标纸上,采用同一频率轴。

(三)对数坐标图的优点

1. 对数幅频特性采用 ω 的对数分度实现了横坐标的非线性压缩,在一张图纸上清楚地画出了频率特性的低、中、高频段的特性。

2. 采用对数幅频特性将幅值的乘除运算化为加减运算,可以简化图形的处理和分析计算。

3. 对数幅频特性曲线是建立在渐近线基础上的,可以利用简便的方法来绘制近似的幅频特性曲线。

任 务 小 结

在经典控制理论中,频率特性分析法是重要的分析方法,当系统稳定运行时,频率特性的实质就是角频率的复变函数,正弦输入信号的输出响应还是正弦信号。幅频特性和相频特性分别是角频率的函数。系统的频率特性可由频率特性的概念出发求出,Bode 图是频率分析的重要工具。

任务 3   典型环节的对数频率特性

任 务 目 标

【知识目标】

1. 掌握典型环节的对数频率特性的数学表达式。

2. 掌握典型环节对数频率特性曲线的特点。

【能力目标】

具备绘制典型环节对数频率特性曲线的能力。

用频率特性分析法研究控制系统的稳定性和动态响应时,是根据系统的开环频率特性进行的,而一个控制系统的开环频率特性通常由若干典型环节的频率特性叠加而成。掌握典型环节的对数频率特性,有利于分析系统的频率特性。本任务着重讨论几种典型环节的对数频率特性曲线的绘制及其特点。

一、比例环节(P)

(一)比例环节的传递函数:$G(s) = K$。

(二)频率特性:$G(j\omega) = K + j0$;幅频特性:$M(\omega) = K$;相频特性:$\varphi(\omega) = 0$。

(三)对数频率特性

$$\begin{cases} L(\omega) = 20 \lg M(\omega) = 20 \lg K \quad \text{dB} \\ \varphi(\omega) = 0° \end{cases} \tag{3-13}$$

(四)Bode 图

对数幅频特性曲线的特点是一条高度为 $20 \lg K$ 且平行于横轴的直线,K 不同,则对数幅频特性曲线的位置也不同。

当 $K > 1$ 时,则 $L(\omega)$ 为正值,水平直线在横轴的上方。

当 $K = 0$ 时,则 $L(\omega)$ 为零,水平直线与横轴重合,所以横轴为零分贝线。

当 $K < 1$ 时,则 $L(\omega)$ 为零,水平直线在横轴的下方。

对数相频特性的特点是与零度线(横轴)重合。

比例环节的对数频率特性曲线见图 3-10。当系统增设比例环节后,会使系统的幅频特性 $L(\omega)$ 上移(或下移),但不改变幅频特性曲线 $L(\omega)$ 的形状,对相频特性 $\varphi(\omega)$ 不产生任何影响。

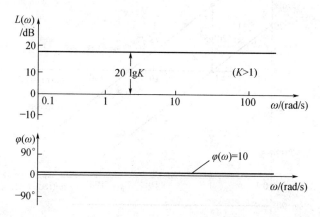

图 3-10　比例环节的 Bode 图

二、积分环节（I）

（一）传递函数：$G(s) = \dfrac{1}{Ts} = \dfrac{K}{s}$（$T$ 为积分时间常数，$K = \dfrac{1}{T}$）。

（二）频率特性：$G(j\omega) = \dfrac{K}{j\omega} = -\dfrac{jK}{\omega} = \dfrac{K}{\omega}e^{-j\frac{\pi}{2}}$；幅频特性：$M(\omega) = \dfrac{K}{\omega}$；相频特性：$\varphi(\omega) = -\dfrac{\pi}{2}$。

（三）对数频率特性

$$\begin{cases} L(\omega) = 20\lg\dfrac{K}{\omega} = 20\lg K - 20\lg\omega \quad \text{dB} \\ \varphi(\omega) = -90° \end{cases} \tag{3-14}$$

（四）Bode 图

1. 对数幅频特性曲线

从式（3-14）可看出，对数幅频特性 $L(\omega)$ 是由比例环节 K 和积分环节 $1/s$ 的对数幅频特性组成。分别用 $L_1(\omega)$ 和 $L_2(\omega)$ 表示，即 $L_1(\omega) = 20\lg K$ 和 $L_2(\omega) = -20\lg\omega$。将 $L_2(\omega) = -20\lg\omega$ 与直线方程 $y = kx$ 进行类比，$\lg\omega$ 就可视为一个整体，$\lg\omega$ 与 x 作用相同，$L_2(\omega) = -20\lg\omega$ 中的"-20"与 k（直线的斜率）的作用相同，则 $L_2(\omega) = -20\lg\omega$ 可视为一直线方程，斜率为 -20 dB/dec。对数幅频特性 $L(\omega) = 20\lg K - 20\lg\omega$ 在 $\omega = 1$ 时，$L(\omega) = 20\lg K$，而 $L_2(\omega) = -20\lg\omega$ 在 $\omega = 1$ 时，则为零。

绘制积分环节的对数幅频特性曲线时，采用坐标平移的方法。其绘制步骤为：

（1）先绘制 $L_2(\omega)$ 的曲线，即过点 $(1,0)$ 作斜率为 -20 dB/dec 的斜直线；

（2）绘制 $L_1(\omega) = 20\lg K$ 的曲线；

（3）过 $(1,0)$ 点作平行于纵轴的直线，交对数幅频特性曲线 $L_1(\omega)$ 于一点，这点的幅频特性值为 $20\lg K$；

（4）将 $L_2(\omega)$ 曲线平移至 $(1, 20\lg K)$ 点，这样就完成了积分环节对数幅频特性曲线的绘制见图 3-11。

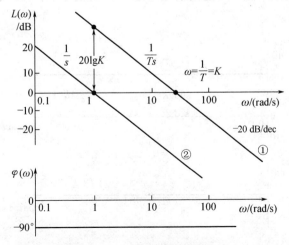

图 3-11 积分环节的 Bode 图

如果不采用上述绘制方法,可直接过 $\omega=1/T$ 频率处,即过 $(1/T,0)$ 点作斜率为 $-20\ dB/dec$ 的斜直线,就可完成积分环节的对数幅频特性曲线的绘制。

综上所述,积分环节的对数幅频特性曲线可表述为:在 $\omega=1$ 处过 $L(\omega)=20\lg K$ 的点(或在 $\omega=1/T$ 处过零分贝线),斜率为 $-20\ dB/dec$ 的斜直线。

2. 对数相频特性曲线

对数相频特性 $\varphi(\omega)=-90°$,对数相频特性曲线 $\varphi(\omega)$ 为一条 $-90°$ 的水平直线见图 3-11。

3. 理想积分环节

如果令 $T=1$,则积分环节的传递函数由 $G(s)=\dfrac{1}{Ts}$ 变为 $G(s)=\dfrac{1}{s}$,这样的积分环节称为理想积分环节,这在以后的学习中比较常见 $[\,G(s)=\dfrac{1}{Ts}$ 这种形式在应用中并不常见,因为在工程分析中将 $G(s)=\dfrac{1}{Ts}$ 中的 $\dfrac{1}{T}$ 常被当做比例环节处理了$]$。理想积分环节的对数幅频特性曲线在 $\omega=1$ 时,过零分贝线(过横轴),相频特性曲线为一条 $-90°$ 的水平直线。

在本书中,如果没有特殊说明,积分环节指的就是理想积分环节。

三、理想微分环节

(一)传递函数: $G(s)=\tau s$。

(二)频率特性: $G(j\omega)=0+j\tau\omega=\tau\omega e^{j\frac{\pi}{2}}$

$$\begin{cases} M(\omega)=\tau\omega \\ \varphi(\omega)=\dfrac{\pi}{2} \end{cases}$$

(三)对数频率特性

$$\begin{cases} L(\omega)=20\lg\tau\omega \\ \varphi(\omega)=90° \end{cases} \qquad (3-15)$$

(四)Bode 图

1. 对数幅频特性曲线绘制

由式(3-15)有

$$L(\omega)=20\lg\tau\omega=20\lg\tau+20\lg\omega=20\lg K+20\lg\omega \quad (K=\tau)$$

由上式可看出, $L(\omega)$ 是由 $20\lg K$ 和 $20\lg\omega$ 两部分叠加而成,分别作出 $20\lg K$ 和 $20\lg\omega$ 的曲线,再过横坐标为 $\omega=1$,纵坐标为 $20\lg K$ 的点 $(1,20\lg K)$,作斜率为 $20\ dB/dec$ 的斜直线,这样就完成了幅频特性曲线的绘制(见图 3-12)。实际上幅频特性曲线是通过平移 $20\lg\omega$ 曲线得到的,可参见"积分环节对数幅频特性曲线的绘制"。

理想微分环节的对数幅频特性曲线可表述为:在 $\omega=1$ 处过 $L(\omega)=20\lg K$ 的点(或在 $\omega=1/\tau$ 处过零分贝线),斜率为 $+20\ dB/dec$ 的斜直线。

2. 对数相频特性曲线

由式(3-15)可知,对数相频特性曲线 $\varphi(\omega)$ 为一条 $+90°$ 的水平直线(见图 3-12)。

四、惯性环节

(一)传递函数: $G(s)=\dfrac{1}{Ts+1}$ (T 为惯性时间常数)

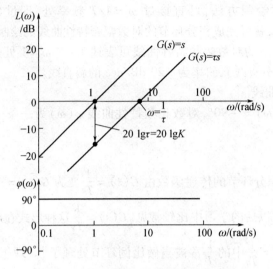

图 3 - 12　理想微分环节的 Bode 图

（二）频率特性

$$G(\mathrm{j}\omega) = \frac{1}{1+\mathrm{j}T\omega} \times \frac{(1-\mathrm{j}T\omega)}{1-\mathrm{j}T\omega}$$

$$= \frac{1}{(T\omega)^2 + 1} - \mathrm{j}\,\frac{T\omega}{(T\omega)^2 + 1} = \frac{1}{\sqrt{(T\omega)^2 + 1}}\mathrm{e}^{-\mathrm{j}\arctan T\omega}$$

（三）对数频率特性

$$\begin{cases} L(\omega) = 20\lg\dfrac{1}{\sqrt{1+(T\omega)^2}} = -20\lg\sqrt{1+(T\omega)^2} \\[3mm] \varphi(\omega) = -\arctan T\omega \end{cases} \tag{3-16}$$

（四）Bode 图

1. 对数幅频特性曲线绘制

（1）低频渐近线：低频渐近线是指 $\omega \to 0$ 时的 $L(\omega)$（通常以 $\omega \leqslant 1/T$，或 $T\omega \ll 1$ 来求取）。这时 $T\omega$ 相对 1 而言，可忽略不计，于是有

$$L(\omega) = -20\lg\sqrt{1+(T\omega)^2} \approx -20\lg 1 = 0$$

由上式可见，惯性环节的低频渐近线为一条零分贝的水平线，见图 3 - 13。

（2）高频渐近线：高频渐近线是指 $\omega \to \infty$ 时的 $L(\omega)$ 图形。当 $\omega \gg 1/T, T\omega \gg 1$，这时 1 相对于 $T\omega$ 而言，可忽略不计，于是有

$$L(\omega) = -20\lg\sqrt{1+(T\omega)^2} \approx -20\lg T\omega$$

惯性环节的高频渐近线与积分环节的 $L(\omega)$ 相同，即在 $\omega = 1/T$ 处过零分贝线的、斜率为 -20 dB/dec 的斜直线，见图 3 - 13。

（3）交接频率：交接频率又称转角频率，它是高、低频渐近线交接处的频率。由图 3 - 13 可见，$\omega = 1/T$ 时，高、低频渐近线相接（它们的幅值均为零），因此 $\omega = 1/T$ 称为交接频率。

（4）修正量（又称误差）：惯性环节的 $L(\omega)$ 实际曲线如图 3 - 13 曲线①所示。需要指出的是采用渐近线表示对数幅频特性和精确的对数幅频特性存在一定的误差，其最大误差发生在交接频率处，误差见表 3 - 2。

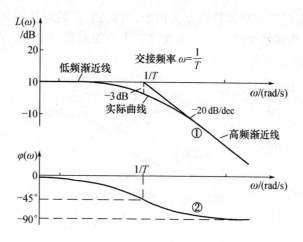

图 3 – 13　惯性环节的 Bode 图

表 3 – 2　渐近线对数幅频特性和精确对数幅频特性的误差

ωT	0.1	0.2	0.5	1	2	5	10
$\Delta L(\omega)/(\text{dB})$	– 0.04	– 0.17	– 0.97	– 3.01	– 0.97	– 0.17	– 0.04

由表 3 – 2 看出,最大误差(亦即最大修正量)约为 – 3.0 dB,若以渐近线取代实际曲线,引起的误差是不大的。

2. 对数相频特性 $\varphi(\omega)$ 曲线的近似画法

(1)低频渐近线:由式(3 – 16)可知,当 $\omega \to 0$ 时, $\varphi(\omega) \to 0$ 。因此,其低频渐近线为 $\varphi(\omega) = 0$ 的水平线。

(2)高频渐近线:当 $\omega \to \infty$,由式(3 – 16)可知, $\varphi(\omega) = -\arctan(T\omega) \to -90°$,因此,其高频渐近线为 $\varphi(\omega) = -90°$ 水平线。

(3)交接频率处的相位:当 $\omega = 1/T$ 时, $\varphi(\omega) = -\arctan T\omega = -45°$,见图 3 – 13 曲线②。惯性环节的对数相频曲线见图 3 – 13。

五、比例微分环节

(一)传递函数: $G(s) = 1 + \tau s$ (τ 为微分时间常数)。

(二)频率特性

$$G(\text{j}\omega) = 1 + \text{j}\omega\tau = \sqrt{1 + (\tau\omega)^2}\, e^{\arctan\tau\omega}$$

$$\begin{cases} M(\omega) = \sqrt{1 + (\tau\omega)^2} \\ \varphi(\omega) = \arctan\tau\omega \end{cases}$$

(三)对数频率特性

$$\begin{cases} L(\omega) = 20\lg\sqrt{1 + (\tau\omega)^2} \\ \varphi(\omega) = \arctan\tau\omega \end{cases} \tag{3 – 17}$$

(四)Bode 图

对照式(3 – 16)和式(3 – 17),显然可见,两者仅相差一个负号。比例微分环节的对数频率特性和惯性环节的对数频率特性互为倒数,因此,它们的对数幅频特性曲线关于零分贝线互为镜像对称,相频特性曲线关于零度线互为镜像对称,其作图方法与惯性环节的作图方法相同。Bode 图如图 3 - 14 所示。

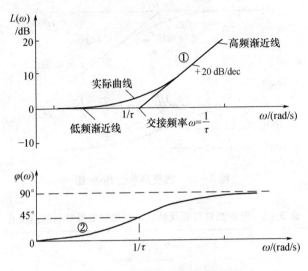

图 3 - 14　比例微分环节的 Bode 图

六、振荡环节

(一)传递函数:$G(s) = \dfrac{1}{T^2 s^2 + 2T\xi s + 1}$。

(二)频率特性

$$G(j\omega) = \frac{1}{T^2(j\omega)^2 + j2T\xi\omega + 1} = \frac{1}{(1 - T^2\omega^2) + 2j\xi T\omega}$$

$$= \frac{1 - (T\omega)^2}{(1 - T^2\omega^2)^2 + 2\xi T\omega} - j\frac{2\xi T\omega}{(1 - T^2\omega^2)^2 + (2\xi T\omega)^2}$$

$$= \frac{1}{\sqrt{(1 - T^2\omega^2)^2 + (2\xi T\omega)^2}}e^{-\arctan\frac{2\xi\omega T}{1 - T^2\omega^2}}$$

$$\begin{cases} M(\omega) = \dfrac{1}{\sqrt{(1 - T^2\omega^2)^2 + (2\xi T\omega)^2}} \\ \varphi(\omega) = -\arctan\dfrac{2\xi\omega T}{1 - T^2\omega^2} \end{cases}$$

由上式可以看出,振荡环节的频率特性,不仅与 ω 有关,而且还与阻尼比 ξ 有关。

(三)对数频率特性

$$\begin{cases} L(\omega) = -20\lg\sqrt{(1 - T^2\omega^2)^2 + (2\xi T\omega)^2} \\ \varphi(\omega) = -\arctan\dfrac{2\xi\omega T}{1 - T^2\omega^2} \end{cases} \tag{3-18}$$

(四)Bode 图

1. 对数幅频特性曲线绘制

振荡环节的对数幅频特性曲线也采用近似的方法绘制。

（1）低频渐近线：当 $\omega \ll 1/T$ 时，即 $T\omega \ll 1$，$1 - T^2\omega^2 \approx 1$，于是

$$L(\omega) = -20\lg \sqrt{(1 - T^2\omega^2) + (2\xi T\omega)^2} \approx -20\lg 1 = 0$$

振荡环节 $L(\omega)$ 的低频渐近线也是一条零分贝线，见图 3-15 曲线①

（2）高频渐近线：当 $\omega \gg 1/T$ 时，即 $T\omega \gg 1$，$1 - T^2\omega^2 \approx -T^2\omega^2$，$0 \leqslant \xi < 1$，于是有

$$L(\omega) = -20\lg \sqrt{(1 - T^2\omega^2) + (2\xi T\omega)^2} \approx -20\lg \sqrt{T^2\omega^2 + (2\xi T\omega)^2}$$

$$= -20 \sqrt{(T^2\omega^2)^2} = -40\lg T\omega$$

振荡环节 $L(\omega)$ 的高频渐近线，则是一条在 $\omega = 1/T$ 处过零分贝线的、斜率为 -40 dB/dec 的斜直线，见图 3-15 曲线①。

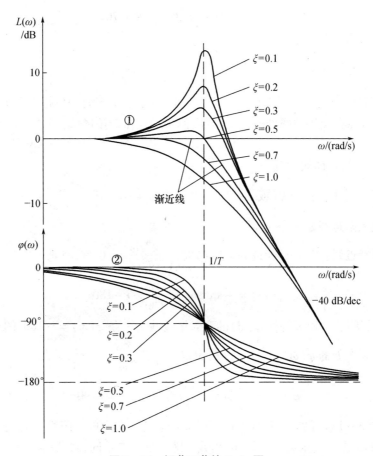

图 3-15　振荡环节的 Bode 图

（3）交接频率：当 $\omega = 1/T$ 时，高、低频渐近线的 $L(\omega)$ 均为零，两直线在此相接。

（4）修正量：在交接频率 $\omega = 1/T$ 附近，精确对数幅频特性与渐近线对数幅频特性存在一定的误差，其值取决于阻尼比 ξ 的值，ξ 越小，则误差越大。当 $\omega = 1/T$ 时，渐近线对数幅频特性与精确曲线的误差为

$$L(\omega) = -20\lg \sqrt{(2\xi)^2} = -20\lg 2\xi$$

对于不同 ξ 值，上述误差值见表 3-4。

表 3 - 3　振荡环节对数幅频特性渐近线最大误差修正表

ξ	0.1	0.15	0.2	0.25	0.3	0.4	0.5	0.6	0.7	0.8	0.9
$\Delta L(\omega)/(\mathrm{dB})$	14.0	10.4	8.0	6.0	4.4	2.0	0	-1.6	-3.0	-4.0	-6.0

显然,当 ξ 在 0.4 ~ 0.7 之间取值时,误差较小(<3 dB),可不用修正渐近线对数幅频特性。当 ξ 过大或过小时(< 0.4 或 > 0.7)时,则应作适当修正。当 $\xi > 0.707$ 时,对数幅频特性上出现"突起"峰值,称为谐振峰 M_r,对应的频率称为谐振频率 ω_r。$\mathrm{d}M(\omega)/\mathrm{d}\omega = 0$ 可求得谐振频率为

$$\omega_r = \omega_n \sqrt{1 - 2\xi^2}\ (0 \leqslant \xi \leqslant 0.707) \tag{3-19}$$

则谐振峰值 M_r 为

$$M_r = M(\omega) = \frac{1}{2\xi\sqrt{1 - \xi^2}} \tag{3-20}$$

由式(3-19)和式(3-20)可知,ξ 减小,M_r 上升,当 ξ 趋于零时,M_r 趋于无穷大;当 $\xi = 0.5$ 时,尽管频率特性在交接频率处的误差为零,但是仍存在谐振峰值;当 $\xi > 0.707$ 时,则无谐振峰值。

2. 对数相频特性曲线绘制

(1)低频渐近线:当 $\omega = 0$(或 $\omega \ll 1/T$)时,$\varphi(\omega) = \arctan\left(\frac{-2T\xi\omega}{1 - T^2\omega^2}\right)$,振荡环节的相频特性 $\varphi(\omega)$ 的低频渐近线是一条 $\varphi(\omega) = 0$ 的水平直线。

(2)高频渐近线:当 $\omega \to \infty$(或 $\omega \gg 1/T$)时,$\frac{-2T\xi\omega}{1 - T^2\omega^2} \to (0^-)$,因此

$$\varphi(\omega) = -\arctan\frac{2\xi\omega T}{1 - T^2\omega^2} \to -180°$$

由此可见,振荡环节的相频特性 $\varphi(\omega)$ 的高频渐近线为一条 $\varphi(\omega) = -180°$ 的水平直线。

(3)交接频率处的 $\varphi(\omega)$:当 $\omega = 1/T$,$\varphi(\omega) = \frac{-2T\xi\omega}{1 - T^2\omega^2} \to -\infty$,因此

$$\varphi(\omega) = \arctan\left(\frac{-2T\xi\omega}{1 - T^2\omega^2}\right) \to -\frac{\pi}{2} = -90°$$

(4)由式(3-18)可见,振荡环节的对数相频特性 $\varphi(\omega)$ 也与阻尼 ξ 有关。振荡环节的对数相频特性既是 ω 的函数,又是 ξ 的函数。随阻尼比 ξ 不同,对数相频 $\varphi(\omega)$ 特性在交接频率附近的变化速度也不同。ξ 越小,相频特性在交接频率附近的变化速度越大,而在远离交接频率处的变化速度越小。振荡环节的 Bode 图随阻尼比 ξ 变化的曲线族见图 3-15。

七、最小相位系统和非最小相位系统的概念

(一)最小相位系统与非最小相位系统的概念

设系统的传递函数为

$$\Phi(s) = \frac{K(s - z_1)(s - z_2)\cdots(s - z_m)}{(s - p_1)(s - p_2)\cdots(s - p_n)}$$

若传递函数的所有极点和零点均分布在复平面[S]左侧的系统称为最小相位系统见图

3 – 16(a)。若传递函数的极点和(或)零点有分布在复平面$[S]$右侧的系统称为非最小相位系统见图3 – 16(b)。通俗地说,复平面$[S]$就是由复数坐标系构成的平面。

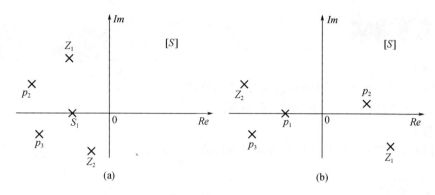

图 3 – 16　最小相位系统和非最小相位系统

(a)最小相位系统;(b)非最小相位系统

(二)具体实例

已知系统的开环传递函数为

$$G_1(s) = \frac{1 + T_1 s}{1 + T_2 s}, G_2(s) = \frac{1 - T_1 s}{1 + T_2 s}, G_3(s) = \frac{1 + T_1 s}{1 - T_2 s}$$

式中,T_1,T_2均为正值,分别求出三个传递函数对应系统的零极点,并判断哪些系统属于最小相位系统。

解　$G_1(s)$:极点为$p = -1/T_2$,零点为$z = -1/T_1$

$G_2(s)$:极点为$p = -1/T_2$,零点为$z = 1/T_1$

$G_3(s)$:极点为$p = 1/T_2$,零点为$p = -1/T_1$

按照最小相位系统和非最小相位系统的概念,$G_1(s)$对应的系统为最小相位系统,而其他传递函数对应的系统则为非最小相位系统。

最小相位系统的特点是它的对数相频特性和对数幅频特性间存在着确定的对应关系,或者对于最小相位系统,只需根据其对数幅频特性就能写出其传递函数。

 任 务 小 结

正确理解频率特性的概念和熟练绘制典型环节对数频率特性曲线,是绘制系统开环对数频率特性曲线的基础。根据交接频率,比例微分环节、惯性环节和二阶振荡环节的对数幅频特性曲线由低频和高频两部分组成,其曲线的绘制采用了近似画法,简化了绘图过程,但在频率交接处,或者低频渐近线和高频渐近线的连接处,存在较大误差,需要修正,以便接近真实的曲线。绘图时要注意特征点(如频率交接点)的运用,有些曲线通过特征点就可以大致确定其轮廓。

任务 4　绘制系统的开环对数频率特性曲线

 任务目标

【知识目标】

1. 掌握开环对数频率特性曲线绘制的叠加原理。
2. 掌握开环对数频率曲线绘制的简便画法。

【能力目标】

具备使用简便画法绘制开环对数频率特性曲线的能力。

 任务描述

在频率分析中,常通过开环频率特性曲线来分析闭环控制系统的稳定性、动态和稳态等性能,Bode 图就成为频率分析的重要手段,因此,绘制系统的开环对数频率曲线显得非常重要。

自动控制系统是由多个典型环节组成的。开环对数频率特性曲线绘制最基本的方法是通过计算不同频率时对应的幅频特性值和对数相频特性值,然后通过描点的方法绘制曲线,这种方法计算工作量大,不易快速绘制曲线,但可作为一种辅助的方法使用。开环对数频率特性曲线绘制的有效方法是叠加画法或简便画法,简便画法是从叠加画法中总结出来的画法,具有简单快速的特点,但该方法只对对数幅频特性曲线的绘制有效,而对对数相频特性曲线的绘制作用不大,相频特性曲线的绘制依然要用叠加和描点的方法绘制。

 相关知识

一、开环对数频率特性曲线的叠加画法

(一)开环对数频率特性曲线绘制的叠加的原理

假设某随动系统的结构框图经过化简后成为如图 3 – 17 所示框图。

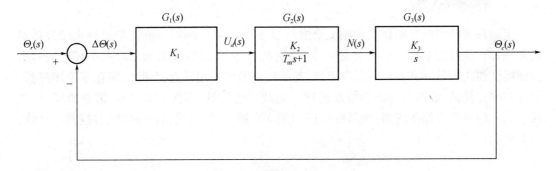

图 3 – 17　某随动系统结构框图

由图 3-17 可看出系统的开环传递函数为
$$G(s) = G_1(s)G_2(s)G_3(s)$$
其对应的开环频率特性为
$$G(j\omega) = G_1(j\omega)G_2(j\omega)G_3(j\omega) = M_1(j\omega)e^{j\varphi_1(\omega)}M_2(j\omega)e^{j\varphi_2(\omega)}M_3(j\omega)e^{j\varphi_3(\omega)}$$
$$= M_1(j\omega)M_2(j\omega)M_3(j\omega)e^{j[\varphi_1(\omega)+\varphi_2(\omega)+\varphi_3(\omega)]}$$
对上式两边同时取 20lg 的对数,则
$$20\lg G(j\omega) = 20\lg M_1(j\omega) + 20\lg M_2(j\omega) + 20\lg M_3(j\omega) + j[\varphi_1(\omega)+\varphi_2(\omega)+\varphi_3(\omega)]$$
系统的开环对数幅频特性和开环对数相频特性为
$$\begin{cases} L(\omega) = 20\lg M_1(j\omega) + 20\lg M_2(j\omega) + 20\lg M_3(j\omega) \\ \varphi(\omega) = \varphi_1(\omega) + \varphi_2(\omega) + \varphi_3(\omega) \end{cases} \quad (3-21)$$
由式(3-21)可知,开环对数频率特性曲线的叠加画法原理为:开环对数幅频等于各环节对数幅频之和;开环对数相频等于各环节对数相频之和。通过取对数,将幅频特性由积的形式转化为和的形式,简化了运算。

(二)开环对数频率特性曲线的叠加画法

由以上分析可得到开环对数频率特性曲线的绘制方法。在同一坐标系中先画出系统中每个典型环节的 Bode 图,然后将各典型环节的 Bode 图进行相加。现以如下系统为例说明系统的开环对数频率特性曲线的叠加画法。

系统的开环传递函数为
$$G(s) = K_1 \times \frac{K_3}{s} \times \frac{K_2}{T_m s + 1}$$

采用叠加画法的步骤为:

1. 将传递函数整理为典型环节传递函数的乘积(串联形式)
$$G(s) = \frac{K_1 K_2 K_3}{s(T_m s + 1)} = K \times \frac{1}{s(T_m s + 1)} \quad (K = K_1 K_2 K_3)$$
由此可看出,系统的开环传递函数是由比例环节、理想积分环节和惯性环节组成。

2. 从开环传递函数出发,求出对数幅频特性
$$\begin{cases} L(\omega) = L_1(\omega) + L_2(\omega) + L_3(\omega) = 20\lg K - 20\lg\omega - 20\lg\sqrt{1+(T_m\omega)^2} \\ \varphi(\omega) = \varphi_1(\omega) + \varphi_2(\omega) + \varphi_3(\omega) = 0° - 90° - \arctan T_m\omega \end{cases}$$

3. 按照典型环节 Bode 图的画法,分别画出比例、积分和惯性环节的 Bode 图
比例、积分和惯性环节的 Bode 图分别见图 3-18①、②、③三条曲线。

4. 将比例、积分和惯性环节的 Bode 图进行叠加。

(1)首先将比例和理想积分环节的对数幅频曲线进行叠加
过横坐标 $\omega=1$,纵坐标为 $L(\omega)=0$ 的点,即过(1,0)点作平行于纵轴的直线,交于比例环节的对数频率特性曲线①于一点,将理想积分环节的幅频曲线②平移至该点,完成了两个环节的对数幅频特性曲线的叠加。实际上是过(1,20lgK)点作斜率为 -20 dB/dec 的斜直线(理想积分环节的幅频特性曲线的斜率为 -20 dB/dec)。

(2)将已叠加的曲线再与惯性环节的对数幅频特性曲线进行叠加
由于惯性环节的对数频率特性是由低频和高频两部分组成,因此,已叠加的曲线与惯性环节低频部分的对数幅频特性曲线叠加,不会改变原有曲线(已叠加的曲线)的形状,而已叠加的曲线与惯性环节的高频部分叠加时,是同频率处各点函数值的相加,这样会使已

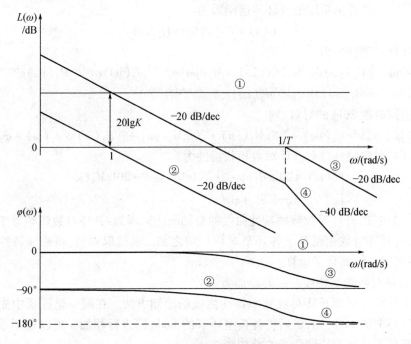

图 3-18 比例、理想积分和惯性环节的 Bode 图

叠加曲线的斜率再减小 – 20 dB/dec（惯性环节的斜率为 – 20 dB/dec），斜率变为 – 40 dB/dec，等同于过横坐标 $\omega = 1/T$，纵坐标为 0 的点，即（$1/T$,0）点作平行于纵轴的直线，交于已叠加曲线于一点，过该交点作斜率为 – 40 dB/dec 的斜直线。这样就完成了已叠加曲线与惯性环节对数幅频特性曲线③的叠加，见图 3-18 中的④。

（3）将惯性环节的相频特性曲线沿纵轴向下平移 90°，就完成了与比例环节、理想积分环节相频特性曲线的叠加，见图 3-18 中的④。

通过上述实例可看出，典型环节的对数频率特性曲线的叠加采用了坐标平移的方法，简化了叠加的过程。

二、系统开环对数幅频特性的简便画法

从对数频率特性叠加画法中可总结出以下对数幅频特性曲线的简便画法。

（一）写出系统的开环传递函数。分析系统是由哪些典型环节串联组成的，并将这些环节的传递函数都化成典型环节传递函数的形式。

（二）根据比例环节的 K 值，计算 $20\lg K$。

（三）在半对数坐标纸上，找到横坐标为 $\omega = 1$、纵坐标为 $L(\omega) = 20\lg K$ 的点，过该点作斜率为 – 20 dB/dec 的斜线，其中 ν 为理想积分环节的数目。

（四）计算各典型环节的交接频率，将各交接频率按由低到高的顺序进行排列，并按下列原则依次改变对数幅频特性曲线 $L(\omega)$ 的斜率。

若过惯性环节的交接频率，斜率减去 20 dB/dec。

若过比例微分环节的交接频率，斜率增加 20 dB/dec。

若过振荡环节的交接频率，斜率减去 40 dB/dec。

注意：交接频率的计算公式：$\omega = 1/T$（T 为典型环节的时间常数）。

（五）修正曲线

对数幅频特性曲线在频率交接点及附近的误差较大，需要进行修正。

（六）无积分环节时的幅频特性曲线的画法

当开环传递函数中没有积分环节时，直接在第一个交接频率处做平行于纵轴的直线，交于比例环节的幅频特性曲线于一点，然后按照步骤四的要求做斜直线，依次绘制曲线。

相频特性曲线的绘制依然要采用叠加与描点相结合的方法绘制。

 任 务 实 施

一、任务

用简便画法绘制图 3 - 19 所示控制系统的对数频率特性曲线。

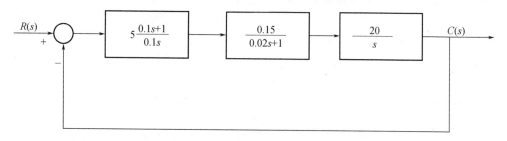

图 3 - 19　某自动控制系统框图

二、任务实施过程

（一）对数幅频特性曲线的绘制步骤

1. 写出系统的开环传递函数

图 3 - 19 所示的随动系统是一单位负反馈控制系统，前向通路有三个物理元件，写出传递函数，整理并分解为典型环节乘积（串联）形式（式中，$T_1 = 0.1$ s，$T_2 = 0.02$ s）。

$$G(s) = 5\frac{0.1s+1}{0.1s} \times \frac{0.15}{0.02s+1} \times \frac{20}{s}$$

$$= 150 \times \frac{1}{s^2} \times \frac{1}{0.02s+1} \times (0.1s+1)$$

由此可看出，该函数由比例环节、两个积分环节、比例微分环节和惯性环节组成。

2. 系统的开环对数频率特性

$$\begin{cases} L(\omega) = 20\lg K - 2 \times 20\lg\omega + 20\lg\sqrt{1+(0.1\omega)^2} - 20\lg\sqrt{1+(0.02\omega)^2} \\ \varphi(\omega) = 0 - 180° + \arctan(0.1\omega) - \arctan(0.02\omega) \end{cases} \quad (3-22)$$

3. 计算 $20\lg K$ 的值

$$20\lg K = 20\lg 150 = 42.5 \text{ dB}$$

式中，$K = 150$。

4. 系统低频部分曲线的绘制

过点 $(1, 20\lg K)$，即过 $(1, 43.5$ dB$)$ 点作斜率为 -20ν dB/dec $= -40$ dB/dec 的斜直线（其中 $\nu = 2$，意味着积分环节的个数为 2），于是完成了系统低频部分对数幅频特性曲线的

绘制。

5. 计算交接频率

在该系统中,有交接频率的环节是比例微分环节、惯性环节。其交接频率依次为

$$\omega_1 = \frac{1}{T_1} = \frac{1}{0.1} = 10 \text{ rad/s}, \omega_2 = \frac{1}{T_2} = \frac{1}{0.02} = 50 \text{ rad/s}$$

6. 系统中频部分曲线的绘制

过(10,0)点作平行于纵轴的直线,交于低频部分幅频特性曲线于一点,过该点作斜率为 −20 dB/dec 的斜直线,完成了比例微分环节对数幅频曲线与比例环节、积分环节的叠加。在此过程中,低频部分曲线的斜率由 −40 dB/dec 变为 −20 dB/dec(−40 dB/dec + 20 dB/dec),即中频部分曲线的斜率为 −20 dB/dec。

过点(50,0)作平行于纵轴的直线,交于中频部分曲线于一点,过该点作斜率为 −40 dB/dB 的斜直线,完成了惯性环节对数幅频特性曲线与中频部分曲线的叠加,在此过程中,中频部分曲线的斜率由 −20 dB/dec 变为 −40 dB/dec(−20 dB/dec −20 dB/dec = −40 dB/dec),即高频部分曲线的斜率为 −40 dB/dec,其曲线见图 3 −20(a)。

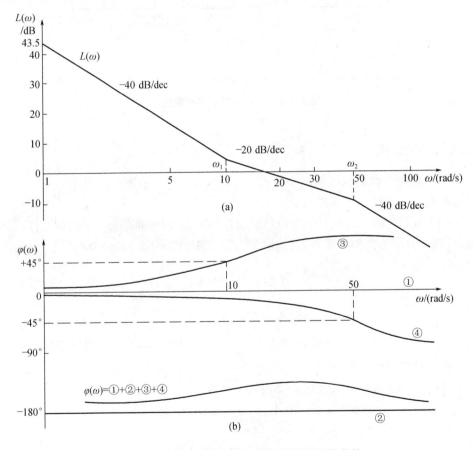

图 3 −20　某随动系统的开环对数频率特性曲线

(二)对数相频特性曲线的绘制步骤

1. 对数相频特性的表达式

对数相频特性的表达式见式(3 −22)。

2. 在 Bode 图的坐标系中,先分别画出该系统各典型环节的对数相频特性曲线

3. 初步确定系统对数相频特性曲线的范围

当 $\omega = 0$ 时,$\varphi(0) = 0$

当 $\omega \to \infty$ 时,$\varphi(\infty) = -180°$

当 $\omega = 10$ 时,$\varphi(10) = 0 - 180° + \arctan(0.1 \times 10) - \arctan(0.02 \times 10) = -213.69°$

当 $\omega = 50$ 时,$\varphi(50) = 0 - 180° + \arctan(0.1 \times 50) - \arctan(0.02 \times 50) = -198.43°$

由此可知,系统的开环对数相频特性曲线的在 $0 \sim -180°$ 之间。

4. 将各典型环节的对数相频特性曲线进行叠加

(1) 分别画出各环节的对数相频特性曲线

(2) 对各环节的对数相频特性曲线进行叠加

取一组频率数据 $\omega_1, \omega_2, \omega_3, \cdots, \omega_n$,分别计算同一频率处(如 ω_1)比例微分环节和惯性环节的对数相频特性值,然后对同一频率处两环节的相频特性数值进行代数和运算,逐点描绘曲线,两曲线③和④叠加后的形状基本由比例微分环节的形状决定,其原因是比例微分环节的时间常数(为 0.1)比惯性环节的时间常数(为 0.02)大得多,因此,在频率相同的情况下,比例微分环节的每一频率处对数相频特性的值均大于惯性环节每一频率处对数相频特性的值,这是由反三角函数的性质决定的。再将③和④曲线叠加后形成的曲线沿纵轴向下平移 $-180°$,完成了与两个积分环节的相频特性曲线②的叠加。系统的开环对数相频特性曲线见图 3-20(b)。

 任务小结

绘制系统的开环对数频率特性曲线是采用简便画法,简便画法是近似画法,这样在频率交接处对数幅频特性曲线和相频特性曲线误差较大,需要进行修正。简便画法只对幅频特性曲线有用,而对相频特性曲线的绘制并不简便。

 项目小结

1. 时域分析法是直接从微分方程或间接从传递函数出发去对系统进行分析的方法。

2. 典型一阶系统的单位斜坡响应为一条平行于斜坡信号曲线的斜直线。在过渡过程结束后,响应的稳态误差 $e_{ss} = T$。

3. 典型二阶系统的单位阶跃响应曲线因阻尼比 ξ 的不同而不同(这也是引入"阻尼比"概念的原因)。

(1) $\xi = 0$(零阻尼)——等幅正弦振幅曲线;

(2) $0 < \xi < 1$(欠阻尼)——阻尼振荡曲线。

4. 线性系统的微分方程、传递函数和频率特性间存在确定的对应关系。因此,频率特性是自动控制系统在频率域的数学模型(微分方程为时间域数学模型,传递函数为复数域数学模型)。

5. 由于采用了典型化、对数化和图形化等处理方法,使得对数频率特性法具有直观、计算方便等优点,因而在工程实践上获得了广泛的应用。

6. 控制系统开环对数幅频特性曲线的画法:

(1) 先分析系统由哪些典型环节组成,进行简化,并将各环节传递函数化成标准形式。

（2）求出总增益 K，并算出 $20\lg K$ 的数值。

（3）在半对数坐标纸上 $\omega = 1$ 处，过 $L(\omega) = 20\lg K$ 的点，作斜率为 $-\nu \times 20$ dB/dec 的斜线（ν 为积分环节数）。

（4）计算各环节的交接频率，$L(\omega)$ 过惯性环节交接频率处减去 20 dB/dec，过比例微分环节交接频率处则增加 20 dB/dec，过振荡环节的交接频率处则减去 40 dB/dec。

（5）根据需要，可对渐近线进行修正，以获得较准确曲线。

（6）由对数幅频特性求取对应的传递函数的过程为上述步骤的逆过程。

7. 传递函数的极点和零点均在 $[S]$ 复平面左侧的系统称为最小相位系统。最小相位系统的相频特性和幅频特性间存在着确定的对应关系。对最小相位系统，可根据它的对数幅频特性写出对应的传递函数。

 项目习题

1. 绘制下列传递函数的对数幅频特性渐近线曲线和相频特性曲线。

（1）$G(s) = \dfrac{4}{(2s+1)(8s+1)}$ （2）$G(s) = \dfrac{20}{s(0.5s+1)(0.1s+1)}$

（3）$G(s) = \dfrac{10(s+0.4)}{s^2(s+0.1)}$ （4）$G(s) = \dfrac{7.5(0.2s+1)(s+1)}{s(s^2+16s+100)}$

（5）$G(s) = \dfrac{10s+1}{3s+1}$ （6）$G(s) = \dfrac{10s-1}{3s+1}$

2. 已知系统框图如图 3–21 所示，当 $K = 10$ 或 $K = 100$ 时，试绘制开环对数频率特性曲线。

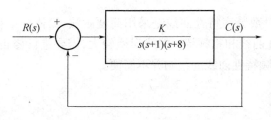

图 3–21　习题 2 图

3. 某最小相位系统的开环对数幅频特性如图 3–22 所示，试写出系统的开环传递函数。

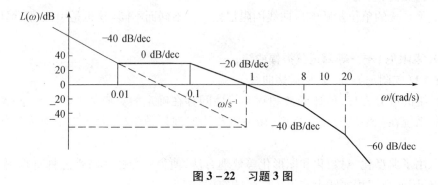

图 3–22　习题 3 图

项目4 分析自动控制系统的基本性能

【知识目标】

1. 掌握稳定性的概念、稳定的充要条件。
2. 掌握稳定性判据、稳定裕量的概念及计算方法。
3. 掌握稳态性能和稳态误差计算的方法。
4. 掌握二阶系统的动态性能。

【能力目标】

1. 具备分析自动控制系统的稳定性、稳态性能和动态性能的能力。
2. 初步具备提出改善系统性能措施的能力。

自动控制系统的基本性能主要有稳定性、稳态性能和动态性能。对控制系统的基本要求是"稳、准、快"。所谓"稳"就是稳定性好,稳定是系统正常工作的先决条件;所谓"准"就是系统控制的准确程度高;所谓"快"就是快速性好,即系统在过渡过程中所具有的性能要好。系统性能的优劣主要以系统的指标来衡量,系统的指标有时域指标和频率指标。

建立控制系统的数学模型后,可采用"项目3"中的分析法对系统的性能进行分析。性能分析中最主要的是稳定性分析,不稳定的系统在工程中很难获得应用,在系统稳定的基础上,根据使用要求,保证系统的稳态性能和动态性能满足工程要求。

项目4的主要目的是通过运用对数频率判据和稳定裕量分析系统的稳定性及其影响因素;运用系统的结构组成、稳态误差计算方法等知识,分析系统的稳态性能及其影响因素;运用时域法分析系统的动态性能,主要分析二阶系统动态的性能及特征,了解动态指标的计算公式推导及使用。在分析的基础上,初步具备能提出改善系统性能措施的能力。

模块 1 稳定性分析

任务 1 稳定的基本概念与充要条件

【知识目标】

1. 掌握稳定性的概念及影响因素。
2. 掌握稳定的充要条件。

【能力目标】

初步具备使用稳定的充要条件直接判断系统稳定性的能力。

在经典控制理论中,通过系统稳定的充要条件可以直接判断系统的稳定性,通过求解系统的微分方程的根来直接判断系统是否稳定的方法,称为直接方法。当闭环控制系统的阶次超过 2 阶时,手工求解系统的微分方程的根就很困难,这样就出现了劳斯、奈奎斯特判据和对数频率判据等间接判断稳定性的方法。

随着计算机技术和数值计算技术的发展,出现了 MATLAB 数值计算软件,直接求解三阶以上的微分方程已不再困难。直接分析法只能判断系统的稳定性,并不能准确判断系统稳定的程度。

一、稳定性概念

控制系统在外来干扰的作用下,系统的输出量会偏离平衡状态产生偏差,一旦干扰消失后,经过足够长的时间,系统又能够逐渐恢复到原来的状态,则系统是稳定的;否则,系统就是不稳定的。在图 4 – 1 中,a 点为小球的平衡位置(所受合外力为零),如果有适当的外力作用在小球上,使小球偏离轨道的 a 点,上升至 d 点,当外力消失后,小球会在 d、e 之间来回滚动,由于摩擦力的作用,经过一段时间后,最后会停在轨道的 a 点,说明小球是稳定的。如果外力的作用使小球到达 b、c 两点,这时,当外力消失后,小球便不会再回到原来的 a 点,说明小球在 b、c 两点时是不稳定的。

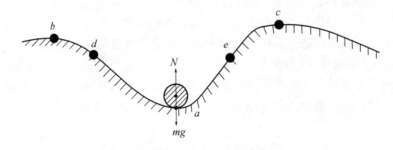

图 4 – 1　小球的稳定性的判定

由上例可知,如果一个系统在干扰消失后,随着时间的推移,经过系统的自我调节,系统能恢复到原平衡位置或达到一个新的平衡位置,说明此系统是稳定的,见图 4 – 2(b);否则,称该系统是不稳定的,见图 4 – 2(a)。

系统的稳定性是系统本身的一种固有特性,它只取决于系统本身的结构和参数,而与外作用无关。不稳定的系统不但不能正常工作,有时甚至会使系统本身遭受严重破坏,如一些设备的尖叫、飞转、超稳、超压等都为不稳定的现象,这在实际工作中是不允许的。在电炉箱恒温控制系统中,如系统不稳定,可能会出现调压变压器的滑臂一直沿着一个方向运动,最终可能会烧坏电炉,还可能会出现调压变压器的滑臂来回运动,导致电机长期处于正反转状况,可能会损坏电机。

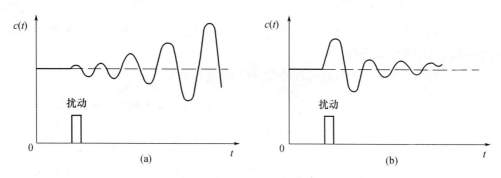

图4-2 稳定系统与不稳定系统
(a)不稳定系统;(b)稳定系统

在自动控制系统中,影响系统稳定的主要因素是系统具有惯性环节和延迟环节(如机械惯性、电动机的电磁惯性、液压缸液压传递中的惯性、晶闸管开通的延迟、齿轮间的间隙等)。它们使系统中的信号产生时间上的滞后,使输出信号在时间上较输入信号滞后了 τ 时间,当系统设有反馈环节时,又将这种在时间上滞后的信号反馈到系统的输入端,见图 4-3。

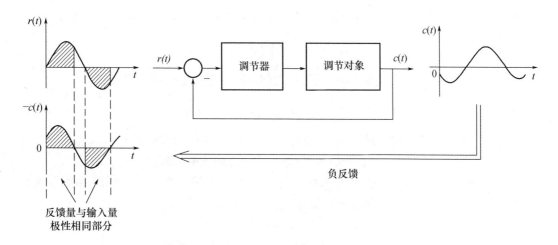

图4-3 造成自动控制系统不稳定的物理原因

由图4-3可见,在不同的时间段,会使输入量和反馈量的信号极性相同,即信号的相位有局部相同的部分,这样导致局部正反馈出现,系统的稳定性变差。如果反馈量与输入量在系统运行的全过程中相位都相同,即系统的输入量与输出量的相位滞后180°,则系统会由负反馈变为正反馈,系统的输出量会越来越大,最后发散,系统就不稳定了。

系统的稳定性又分为绝对稳定性和相对稳定性。系统的绝对稳定性是指系统稳定和不稳定的条件,也就是通过稳定的充要条件判断系统是稳定的,系统就具有稳定性,否则就不具有稳定性。系统具有稳定性,并不意味着在任何情况下都稳定,这就是系统的相对稳定性,即系统的稳定程度如何。

二、系统稳定的充要条件

在应用数学方法研究系统的稳定性时,首先要研究稳定性和数学模型之间的关系。系统最基本的数学模型是微分方程。

一般的线性定常系统的过渡过程特性,可用高阶线性微分方程来描述

$$a_n \frac{d^n}{dt^n}c(t) + a_{n-1}\frac{d^{n-1}}{dt^{n-1}}c(t) + \cdots + a_1 \frac{d}{dt}c(t) + a_0 c(t) =$$

$$b_m \frac{d^m}{dt^m}r(t) + b_{m-1}\frac{d^{m-1}}{dt^{m-1}}r(t) + \cdots + b_1 \frac{d}{dt}r(t) + b_0 r(t) \qquad (4-1)$$

$r(t)$ 为系统的输入量,$c(t)$ 为系统的输出量,对式(4-1)两边同时进行拉氏变换,可得

$$(a_n s^n + a_{n-1}s^{n-1} + \cdots + a_1 s + a_0)C(s) = (b_m s^m + b_{m-1}s^{m-1} + \cdots + b_1 s + b_0)R(s) + M_0(s)$$

$$(4-2)$$

令 $D(s) = a_n s^n + a_{n-1}s^{n-1} + \cdots + a_1 s + a_0$ 为系统的特征式,$M(s) = b_m s^m + b_{m-1}s^{m-1} + \cdots + b_1 s + b_0$ 为系统的输入端算子式,$M_0(s)$ 为与系统初始状态有关的算子式,这样式4-2可表示为

$$D(s)C(s) = M(s)R(s) + M_0(s)$$

故 $C(s)$ 可表示为

$$C(s) = \frac{M(s)}{D(s)}R(s) + \frac{M_0(s)}{D(s)} \qquad (4-3)$$

设系统特征方程 $D(s) = 0$ 具有 n 个不同的特征根 $s_i(i = 1,2,3,\cdots,n)$,则 $D(s)$ 可表示为

$$D(s) = a_0 \prod_{i=1}^{n}(s - s_i)$$

利用"项目2—任务1"拉氏反变换的知识,对式(4-3)展开并进行拉氏反变换可得

$$c(t) = \sum_{i=1}^{n}A_i e^{s_i t} + \sum_{j=1}^{l}B_j e^{s_j t} + \sum_{i=1}^{n}C_i e^{s_i t} \qquad (4-4)$$

式中第一、二项为零状态响应,其中第二项为稳态分量,其变化规律取决于输入作用,$s_j(j = 1,2,3,\cdots,l)$ 为输入具有 l 个不相同的极点;第三项为零输入响应式。

根据稳定的定义可知,线性定常系统的稳定性是由零输入决定的。因此要使系统稳定,只需满足零输入响应随时间推移而渐进趋于零即可,即

$$\lim_{t \to \infty}C_i e^{s_i t} = 0 \quad (i = 1,2,3,\cdots,n) \qquad (4-5)$$

C_i 为系数,式(4-5)表明,系统的稳定性仅取决于特征根 s_i 的性质。

通过分析系统特征根对系统稳定性的影响,可得出系统稳定的数学条件为系统所有特征根 s_i 的实部为负,或者说所有特征根位于复平面 $[S]$ 虚轴的左侧,即

$$Re[s_i] < 0 \quad (i = 1,2,3,\cdots,n) \qquad (4-6)$$

由以上分析可看出,判断系统稳定性的基本出发点是系统的特征方程的所有根是否具有负实部,或者闭环传递函数的极点是否全部具有负实部,即闭环传递函数的极点是否全部在 $[S]$ 平面的左半平面。

特征方程的根可表示为 $s_i = \alpha + j\omega(i = 1,2,3,\cdots,n)$,其中 α 为实部,ω 为虚部,只要 $\alpha < 0$,系统就是稳定的,反之不稳定。系统的稳定性与特征方程的根有着紧密的联系,其相互关系见表4-1。

表4-1 系统稳定性和特征方程根的关系

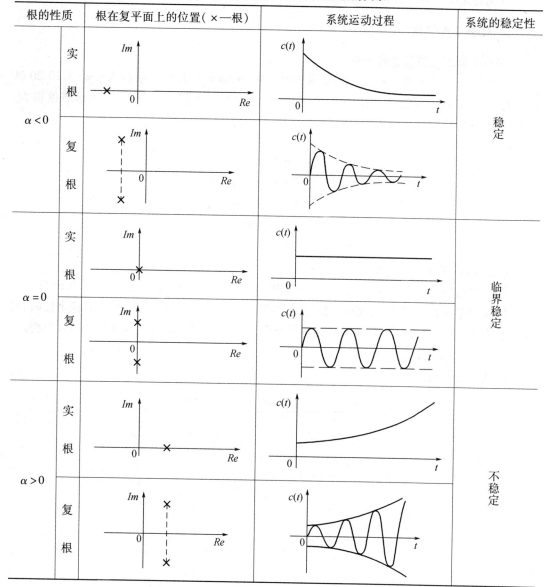

综上所述,系统稳定的充要条件为系统特征方程的全部特征根必须具有负实部,或者说所有特征根位于[S]平面的左半平面。该条件可以用来直接判断系统稳定性,称为判断稳定性的直接方法。

一、任务

已知某系统的闭环传递函数为

$$\Phi(s) = \frac{s+4}{s^5 + 10s^4 + 20s^3 + 30s^2 + 40s + 50}$$

利用稳定的充要条件判断该系统的稳定性,并画出系统的阶跃响应曲线。

二、任务实施过程

(一)求解系统特征方程的根

系统的特征方程为 $s^5 + 10s^4 + 20s^3 + 30s^2 + 40s + 50 = 0$,方程的系数为 $p = (1\ 10\ 20\ 30\ 40\ 50)$,求解特征方程的根,可以用手工求解的方法,但该方程是五阶方程,求解难度很大,本任务采用 MATLAB 软件求解,求得特征方程的根为

$$
\begin{aligned}
s_i = &\\
&-7.8752 \\
&-1.3891 + 0.9693i \\
&-1.3891 - 0.9693i \\
&0.3267 + 1.4512i \\
&0.3267 - 1.4512i
\end{aligned}
$$

(二)判断系统的稳定性

特征方程的根共有五个,其中有两对是共轭的复根,一个实根。由于一对共轭复根的实部均大于零,由此可判断系统是不稳定的。使用稳定的充要条件判断系统的稳定性时,要注意系统的特征方程为闭环传递函数的特征方程,而不是系统的开环传递函数的特征方程。

(三)绘制阶跃响应曲线

阶跃响应曲线见图 4 – 4。

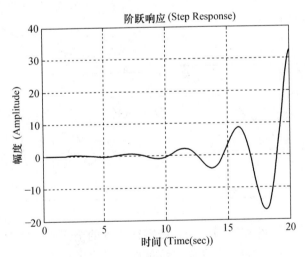

图 4 – 4　系统的单位阶跃响应曲线

由图 4 – 4 可看出阶跃响应曲线是发散的,从另一方面也证明了系统是不稳定的。

稳定性反映了系统在受到外界干扰或改变运动状态时,系统是否能重新回到原来的平衡状态,或进入新的平衡状态的能力。一个系统是否稳定,直观的判断方法是看系统的输出量是否收敛,如果收敛,则稳定,否则不稳定,该方法需要求解系统微分方程的根。稳定

性的判断有直接判断方法和间接判断方法,稳定的充要条件就是直接判断方法,但不能判断系统稳定的程度如何。

任务2　稳定性判据

【知识目标】

　　1. 掌握奈奎斯特判据及其物理意义。

　　2. 重点掌握对数频率判据及其使用方法。

　　3. 掌握临界稳定点的物理意义。

【能力目标】

　　具备使用对数判据判断系统稳定性的能力。

　　奈奎斯特稳定判据是建立在复平面上根据幅角变化的基本规律,利用开环幅相频率特性曲线来判断闭环系统稳定性的一种判据,极坐标图上的奈奎斯特判据虽然应用简单,判断闭环系统的稳定性较为方便,但前提是首先要画出系统的开环幅相频率特性曲线,而开环幅相频率特性曲线作图工作量大,如果通过开环对数频率特性曲线来判断闭环系统的稳定性,则计算的工作量相对较小,容易判断系统的稳定性,这就是对数频率判据。通过本任务的学习,掌握利用对数频率判据判断系统稳定性的方法。

一、奈氏(Nyquist)稳定判据

(一)奈奎斯特判据

　　奈奎斯特判据是由系统的开环幅相频率特性曲线(Nyquist)去判断闭环系统稳定性的一种判据。奈氏判据的具体内容表述为:如果系统在开环状态下是稳定的,则闭环系统稳定的充要条件是它的开环幅相频率特性曲线不包围(-1,j0)点。反之,若曲线包围(-1,j0)点,则闭环系统将是不稳定的。若曲线通过(-1,j0)点,则闭环系统处于稳定边界。参见图4 -5。

(二)奈奎斯特判据的物理意义

　　系统的输出量(用频率特性表示)为

$$C(j\omega) = \Phi(j\omega)R(j\omega) = \frac{G(j\omega)}{1 + G(j\omega)H(j\omega)}R(j\omega) \qquad (4-7)$$

式中,$G(j\omega)H(j\omega)$ 为系统的开环频率特性,当 $1 + G(j\omega)H(j\omega) = 0$ 时,即开环频率特性 $G(j\omega)H(j\omega) = -1$ 时,系统的闭环频率特性 $\Phi(j\omega)\to\infty$,这表明系统的增益将无穷大,系统的输出量也无穷大,系统已经不稳定了。由此可知位于复平面$[S]$负实轴的点(-1,j0)是系统稳定的临界点,其频率特性为

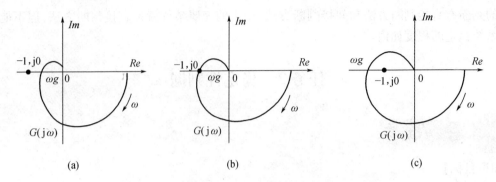

图 4 - 5 用奈氏稳定判据判断闭环系统的稳定性

(a)稳定;(b)稳定边界;(c)不稳定

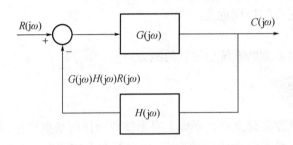

图 4 - 6 典型系统的框图

频率特性 $\qquad\qquad G(j\omega)H(j\omega) = -1 + j0$

$$\begin{cases} M(\omega) = 1 \\ \varphi(\omega) = -\pi \end{cases}$$

对数频率特性 $\quad\begin{cases} L(\omega) = 20\lg M(\omega) = 20\lg 1 = 0 \quad \text{dB} \\ \varphi(\omega) = -180° \end{cases}$

临界稳定点的频率特性是一个复数,开环幅相频率特性曲线越接近这个点,相位滞后越大,系统的开环增益也越大,系统就越不稳定。

二、对数频率判据

系统开环频率特性的奈氏图和 Bode 图之间存在一定的对应关系(见图 4 - 7),故对数频率稳定判据是奈氏稳定判据的另一种表述形式,即利用系统的开环对数频率特性曲线来判别闭环系统的稳定性。

奈奎斯特图上负实轴上的(- 1,j0)点为临界稳定点,该点和 Bode 图的对应关系为:

奈氏图中临界稳定点的频率特性 $G(j\omega)$ 的模 $|G(j\omega)| = 1$,即 $M(\omega) = 1$,对应到 Bode 图时,其位置和特征为对数幅频特性曲线 $L(\omega)$ 与横轴 ω 的交点,且 $L(\omega) = 0$。这点对应的频率被称为穿越频率,用符号 ω_c 表示,横轴被称为零分贝线。

奈奎斯特图中的"负实轴"对应到 bode 图时,其位置和特征为对数相频特性曲线 $\varphi(\omega)$ 中的 - 180°线。

对数频率判据开环对数幅频特性曲线 $L(\omega)$ 与横轴交于点 A,过点 A 作平行于纵轴的直线,交开环对数相频特性曲线于点 B,如果点 B 位于 - 180°线的上方,则系统稳定,如果点 B 与 - 180°线重合,则系统临界稳定,如果点 B 位于 - 180°线的下方,则系统不稳定。参见图 4 - 8。

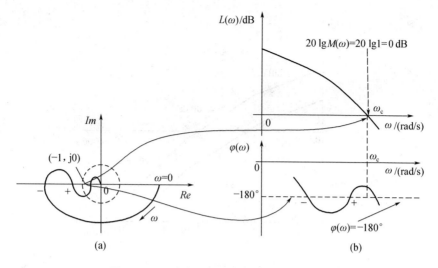

图 4 - 7　系统奈氏图和 Bode 图的对应关系

（a）奈奎斯特图；（b）Bode 图

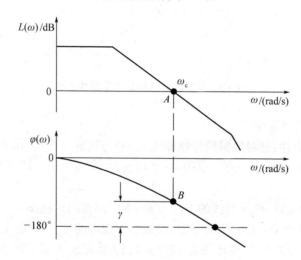

图 4 - 8　对数频率稳定判据说明图

注：图 4 - 8 中，A 和 B 两个符号仅仅为了说明问题方便，并无其他意义

 **任 务 实 施**

一、任务

已知系统的开环传递函数为：$G(s) = \dfrac{K}{s(s+1)(0.1s+1)}$，判断当 $K = 5$ 和 $K = 50$ 时的系统稳定性。

二、任务实施过程

（一）分别绘制 $K = 5$ 和 $K = 50$ 的 Bode 图

Bode 图的绘制方法见"项目 3 中的任务 4"。手工绘制的 Bode 图见图 4 - 9。

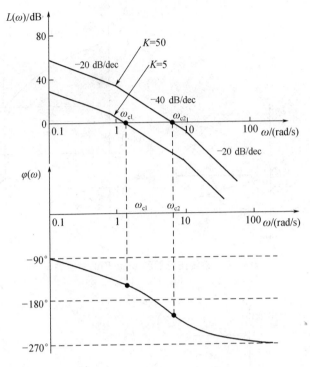

图4-9　系统的开环对数频率特性曲线

（二）分析系统的稳定性

1. $K=5$ 时的稳定性：过对数幅频特性曲线 $L(\omega)$ 与横轴的交点，作平行于纵轴的辅助直线，交于对数相频特性曲线于一点。由图4-9可看出，交点位于 $-180°$ 线的上方，系统是稳定的。

2. $K=50$ 时的稳定性：作辅助线的方法与 $K=5$ 时的相同。从图4-9可看出，辅助线与相频特性曲线的交点位于 $-180°$ 线的下方，系统是不稳定的。

由此可看出，增大系统的开环增益（$20\lg K$），即增大的 K 值，稳定性变差，甚至会不稳定。

 任务小结

频率特性分析法是在频率内应用图解法分析控制性能的一种工程方法。奈奎斯特判据和对数频率判据都是通过开环频率特性曲线来间接判断闭环系统稳定性的方法，它不仅能够定性地判断闭环系统的稳定性，而且可以定量地反映系统的相对稳定性，使用该方法的关键是正确绘制 Nyquist 图和 Bode 图。

任务3　计算自动控制系统的稳定裕量

 **任务目标**

掌握相位裕量和增益裕量的概念、计算方法；具备计算相位裕量和增益裕量并判断系

统相对稳定程度的能力。

 任 务 描 述

根据奈氏判据可知,系统开环幅相频率特性曲线临界点附近的形状对闭环控制系统的稳定性影响很大,曲线越是接近临界点,系统的稳定程度就越差。当系统穿越临界点时,系统处于临界稳定状态,处于临界稳定的系统在实际工程中并不存在,只具有理论意义,因此,稳定是系统正常工作的先决条件,稳定的系统并不意味着在任何情况下都是稳定的,这就涉及系统稳定程度的问题,控制系统中表征系统稳定程度的指标用稳定裕量来表示,稳定裕量包括相位裕量和增益裕量。

 相 关 知 识

一、稳定裕量的概念

稳定裕量可分为增益裕量(Gm)和相位裕量(γ)两个指标。

(一)增益裕量(Gm)[1]

增益裕量(Gm)是控制系统中用于衡量相对稳定性的最常用的指标。在[S]平面(复数坐标系)中,增益裕量用于表明系统的开环幅相频率特性曲线的幅值和负实轴的交点与(-1,j0)点的接近程度。在定义增益裕量之前,首先在 Bode 图上说明相位穿越点和相位穿越频率。

1. 相位穿越点和相位穿越频率(ω_g)[1]

系统的开环对数相频特性曲线与$-180°$线的交点,称为相位穿越点。该点对应的频率,称为相位穿越频率,用ω_g表示,参见图$4-10$。

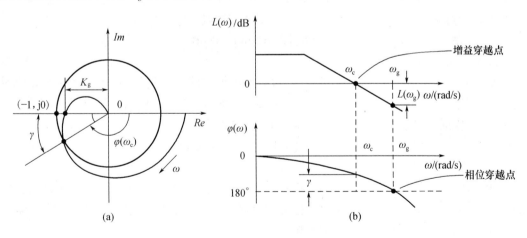

图 4-10　稳定裕量的定义

(a)奈奎斯特图;(b)Bode 图

在相位穿越点,其对数相频特性$\varphi(\omega) = -180°$。

2. 增益裕量(Gm)的定义

系统的开环频率特性$M(\omega)$在相位穿越频率处的频率特性值为$K_g = M(\omega_g)$,对其取倒

数后,再取其对数的 20 倍,就是增益裕量。

$$L(\omega_g) = 20 \lg M(\omega_g)$$

$$Gm = 20 \lg \frac{1}{|M(\omega_g)|} = -20 \lg |M(\omega_g)| \qquad (4-8)$$

增益裕量也可表示为

$$Gm = -L(\omega_g)$$

3. 增益裕量的含义

增益裕量是闭环控制系统变得不稳定之前,可以加入开环系统的以分贝(dB)计量的增益的量,即当原来的系统就处于临界稳定状态时,在 Bode 图上表现为开环对数幅频特性再向上移动多少分贝,系统就不稳定了。在 Bode 图中见图 4-10(b),如果对数幅频特性 $L(\omega)$ 在相位穿越频率 ω_g 处的值 $L(\omega_g)$ 小于零,即在横轴 ω 的下方,则增益裕量 Gm 大于零,系统稳定,如果大于零,则系统不稳定。

4. 增益裕量的计算思路

画出系统的开环对数频率特性曲线(Bode 图),在对数相频特性曲线上找到相位穿越点,读取穿越频率 ω_g,再将 ω_g 带入式(4-8)中,可计算出增益裕量。

(二)相位裕量(γ)

增益裕量是反映系统相对稳定性的指标之一,它仅仅是根据开环增益变化的情况指出系统的稳定性。从原理上讲,人们相信具有较大的增益裕量的系统总是比具有较小增益裕量的系统相对更稳定。但是,当系统的开环增益以外的参数变化的时候,仅凭增益裕量就不能充分说明系统的相对稳定性,必须引入相位裕量联合进行判断,才能得出正确的结论。在定义相位裕量前,首先说明增益穿越点和增益穿越频率。

1. 增益穿越点和增益穿越频率(ω_c)

系统的开环幅频特性曲线与零分贝线(横轴 ω)的交点,称为增益穿越点。该点对应的频率就是增益穿越频率 ω_c,参见图 4-10,在增益穿越点,其对数幅频特性为

$$20 \lg M(\omega) = 20 \lg 1 = 0 \text{ dB}$$

2. 相位裕量(γ)的定义

从图 4-10(b)看出,在系统的开环对数频率特性曲线上,过增益穿越点作平行于纵轴的直线,交于相频特性曲线于一点,这点与 -180°线的"距离",被称为相位裕量。增益穿越频率 ω_c 对应的相角值为 $\varphi(\omega_c)$,与 -180°的差就是相位裕量。

$$\gamma = \varphi(\omega_c) - (-180°) = 180° + \varphi(\omega_c) \qquad (4-9)$$

3. 相位裕量的含义

相位裕量表明了系统的开环对数频率特性曲线距离 -180°线的"距离"。在系统稳定的情况下,这个距离越大,系统的相对稳定程度越高,相反则越低。在控制工程中,通常要求系统的相位裕量 γ 在 30°~60°范围内。

4. 相位裕量的计算思路

计算的过程为:Bode 图→增益穿越频率 ω_c→$\varphi(\omega_c)$→相位裕量 γ,确定 ω_c 是计算 γ 的关键,ω_c 的确定有图解法、图解法 + 数学方法,这两种方法在任务实施中具体阐明。

二、系统稳定性和稳定程度的判断

1. 若 $\gamma > 0$,$Gm > 0$,则系统稳定,并且 γ 和 Gm 的值越大,系统稳定程度越好。在 Bode

图上可直接判断 Gm 的正负和 γ 的正负。

2. 若 $\gamma < 0, Gm < 0$, 则系统不稳定。在 Bode 图上可直接判断 Gm 和 γ 的正负。

3. 若 $\gamma = 0, Gm = 0$, 系统处于临界稳定。在 Bode 图上可直接判断 Gm 和 γ 的值。

应着重指出, 一般来说, 仅用相位裕量或增益裕量评价系统的相对稳定程度, 都不足以充分说明系统的相对稳定性, 为了确保闭环控制系统的相对稳定性, 必须同时使用相位裕量和增益裕量。

 任 务 实 施

一、任务

随动系统的结构图框图见图 4-11, 求系统的相角裕量和幅值裕量。图中的各环节参数为:

K_1——自整角机常数, $K_1 = 0.1$ V/(°) $= 5.73$ V/rad;

K_2——电压放大器增益, $K_2 = 2$;

K_3——功率放大器增益, $K_3 = 25$;

K_4——电动机增益常数, $K_4 = 4$ rad/V;

K_5——齿轮速比, $K_5 = 0.1$;

T_x——输入滤波器时间常数, $T_x = 0.01$ s;

T_m——电动机的机电时间常数, $T_m = 0.2$ s。

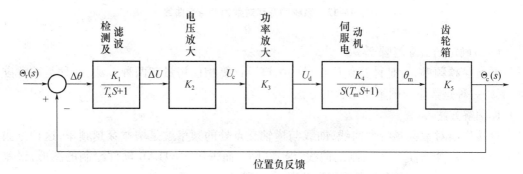

图 4-11　随动系统的结构图

二、任务实施过程

(一)写出随动系统的开环传递函数

$$G(s) = \frac{K_1 K_2 K_3 K_4 K_5}{s(T_x s + 1)(T_m s + 1)} = \frac{5.73 \times 25 \times 2 \times 4 \times 0.1}{s(0.01 s + 1)(0.2 s + 1)} = \frac{114.6}{s(0.01 s + 1)(0.2 s + 1)}$$

(二)绘制 Bode 图

由上式看出, 系统的开环传递函数是由一个比例环节、积分环节和两个惯性环节组成, 其中两个惯性环节的交接频率分别为

$$K = 114.6 \quad 20\lg K = 20\lg 114.6 = 41.2 \text{ dB}$$

$$T_m = 0.2 \text{ s} \quad \omega_1 = \frac{1}{T_m} = \frac{1}{0.2} = 5 \text{ rad/s}$$

$$T_x = 0.01 \text{ s} \qquad \omega_2 = \frac{1}{T_x} = \frac{1}{0.01} = 100 \text{ rad/s}$$

其 Bode 图见图 4 – 12。

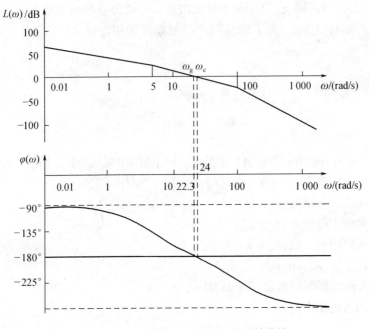

图 4 – 12　系统的开环对数频率特性曲线

（三）确定增益穿越频率 ω_c

增益穿越频率 ω_c 是计算相位裕量的关键。计算相位裕量有两种方法：一种是图解方法，另外一种是数学与图解相结合的方法。

1. 图解方法

直接作出对数幅频特性曲线，曲线与横轴交点处的频率就是增益穿越频率，这种方法容易产生误差，特别是手工绘制的曲线，误差更大，而采用 MATLAB 软件绘制的图形，误差则较小。由图 4 – 12 可读出增益穿越频率 ω_c 的值为 24 rad/s。

2. 数学 + 图解方法

这种方法是首先做出系统的开环对数幅频特性曲线，然后判断曲线穿越横轴之前有哪些环节（包括穿越横轴的环节），然后按照幅值穿越频率 ω_c 处的对数幅频特性的值为零这一特点，可计算出增益穿越频率 ω_c，即穿越横轴之前的各环节（包括穿越横轴的环节）的对数幅频特性的和为零。这种方法的准确度高其确定方法具体为：

$$20\lg M(\omega_c) = 0$$
$$20\lg K - 20\lg\omega_c - 20\lg 0.2\omega_c = 0$$
$$\omega_c = \sqrt{K/T_m} = \sqrt{K\omega_1} = \sqrt{114.6 \times 5} = 23.94 \text{ rad/s}$$

（四）确定相位穿越频率 ω_g

相位穿越频率 ω_g 是确定增益裕量的关键，其确定方法主要有图解法和数学方法。数学方法对高阶的系统很难求解，而且手工绘制对数幅频特性曲线的工作量很大，画出的图形准确程度也不高。由图 4 – 12 手工绘制的 Bode 图上，直接读取得到相位穿越频率 ω_g 为 22.3 rad/s。

（五）计算稳定裕量

1. 增益裕量（用分贝表示）

$$Gm = -20\lg M(\omega_g)$$
$$= 20\lg K - 20\lg \omega - 20\lg \sqrt{1 + (0.01\omega_g)^2} - 20\lg \sqrt{1 + (0.2\omega_g)^2}$$
$$= -0.76 \text{ dB}$$

2. 相位裕量

$$\gamma = 180° + \varphi(\omega_c) = 180° - 90° - \arctan 0.2\omega_c - \arctan 0.01\omega_c$$
$$= 180° - 90° - \arctan 0.2 \times 24 - \arctan 0.01 \times 24$$
$$= 90 - 78.23° - 13.5°$$
$$= -1.73°$$

（六）判断系统的稳定性

相位裕量和增益裕量均小于零，系统是不稳定的。

（七）改善系统的稳定性措施

1. 在系统的前向通路中串联一个比例微分环节

由系统的开环传递函数可知，系统中有一个积分环节（相频特性为 $-90°$），一个时间常数为 0.2 s 大惯性环节（在增益穿越频率处的相频特性的值为 $-78.23°$），其中积分环节主要用于改善系统的稳态性能，不能去掉，这样大惯性环节对系统的稳定性影响较大，可采取的措施为：在系统前向通路中串联一个时间常数为 0.2 s 的比例微分环节，以抵消大惯性环节的影响，系统的相位裕量和增益裕量会大幅增加，系统由不稳定变为稳定。

2. 适当降低系统的开环增益

系统的开环增益为 94.82 dB（$20\lg K = 20\lg 114.6 = 94.82$ dB），适当降低 K 的值，有利于改善系统的稳定性，但 K 值不能调整的太小，否则会使系统的稳态性能下降。降低开环增益对改善系统的稳定性贡献不是很大，详见"项目5"中有关内容。

任务小结

1. 稳定裕量是用来定量描述系统相对稳定程度的，同时也可以判断系统的稳定性。计算增益穿越频率和相位穿越频率是计算相位裕量与增益裕量的关键。一个系统是否稳定，稳定程度如何，要用相位裕量和增益裕量联合判断，单方面判断可能会得出错误的结论。

2. 系统中积分环节、惯性环节和延迟环节的数量越多，系统的稳定性越差，而微分环节和适当减小系统的开环增益则有利于系统稳定。

模块 2　稳态性能分析

任务 1　计算系统的稳态误差

任务目标

【知识目标】

1. 掌握稳态性能、系统误差和稳态误差等概念。

2. 理解稳态误差的定义过程及稳态误差的含义。

3. 掌握稳态误差的计算方法。

【能力目标】

具备计算系统稳态误差和分析系统稳态性能的能力。

 任 务 描 述

系统的稳态性能反映了系统控制的准确程度,用稳态误差指标定量描述。系统的稳定性只取决于系统的结构和参数,与系统的输入信号及初始状态无关,而系统稳态误差既与系统的结构参数有关,又和系统的输入信号密切相关。通过任务的学习,掌握稳态误差的概念和稳态误差计算的方法,为定量分析系统的稳态性和改善系统的稳态性能创造条件。

 相 关 知 识

一、稳态性能的有关概念

(一)稳态性能

控制系统在输入量的作用下,系统的输出量将包含两个分量,一个是过渡过程分量,另外一个是稳态分量。过渡过程分量反映了系统的动态性能,是控制系统的重要特性之一,对于稳定的系统,过渡过程分量将会随着时间的推移,而逐渐消失,最终趋于零。稳态分量反映了系统跟踪输入量或抑制扰动信号的能力和准确度,也是系统重要的性能。稳态性能就是系统在过渡过程结束后,进入稳定运行时所具有的性能。

(二)稳态误差的定义

稳态误差的定义一般是从系统误差的定义出发的,可从系统的输入端定义,也可从系统的输出端定义,一般是采用从系统的输出端定义,本书就采用了输出端来定义系统误差。

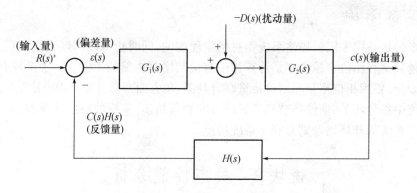

图 4-13 典型系统的框图

1. 系统误差

系统误差 $e(t)$ 的一般定义是系统输出量的希望值 $c_r(t)$ 与系统输出量的实际值 $c(t)$ 之差。即 $e(t) = c_r(t) - c(t)$。系统误差的拉氏式为

$$E(s) = C_r(s) - C(s) \tag{4-10}$$

对于输出希望值 $c_r(t)$,通常以偏差 $\varepsilon(s)$ 为零来确定希望值,即

$$\varepsilon(s) = R(s) - H(s)C_{\mathrm{r}}(s) = 0 \tag{4-11}$$

于是,输出希望值 $C_{\mathrm{r}}(s)$(拉氏式)为

$$C_{\mathrm{r}}(s) = R(s)/H(s)$$

将上式代入式(4-10),系统的误差(拉氏式)为

$$E(s) = \frac{R(s)}{H(s)} - C(s) \tag{4-12}$$

系统的实际输出量由图 4-13 有

$$C(s) = \frac{G_1(s)G_2(s)}{1 + G_1(s)G_2(s)H(s)}R(s) + \frac{G_2(s)}{1 + G_1(s)G_2(s)H(s)} \times [-D(s)] \tag{4-13}$$

式中, $R(s)$ 为输入量(拉氏式); $-D(s)$ 为扰动量(拉氏式)。于是,以 $C_{\mathrm{r}}(s)$ 及 $C(s)$ 的值代入式(4-10)可得系统误差 $E(s)$。

$$E(s) = C_{\mathrm{r}}(s) - C(s)$$

$$= \frac{R(s)}{H(s)} - \left\{ \frac{G_1(s)G_2(s)}{1 + G_1(s)G_2(s)H(s)}R(s) + \frac{G_2(s)}{1 + G_1(s)G_2(s)H(s)} \times [-D(s)] \right\}$$

$$= \frac{1}{[1 + G_1(s)G_2(s)H(s)]H(s)}R(s) + \frac{G_2(s)}{1 + G_1(s)G_2(s)H(s)}D(s) \tag{4-14}$$

$$E(s) = E_{\mathrm{r}}(s) - E_{\mathrm{d}}(s)$$

式中, $E_{\mathrm{r}}(s)$——输入量产生的误差(拉氏式)(又称跟随误差)。

$$E_{\mathrm{r}}(s) = \frac{1}{[1 + G_1(s)G_2(s)H(s)]H(s)}R(s) \tag{4-15}$$

$E_{\mathrm{d}}(s)$——扰动量产生的误差(拉氏式)

$$E_{\mathrm{d}}(s) = \frac{G_2(s)}{1 + G_1(s)G_2(s)H(s)} \times D(s) \tag{4-16}$$

对 $E_{\mathrm{r}}(s)$ 进行拉氏反变换,即可得 $e_{\mathrm{r}}(t)$, $e_{\mathrm{r}}(t)$ 为跟随动态误差。对 $E_{\mathrm{d}}(s)$ 进行拉氏反变换,即可得 $e_{\mathrm{d}}(t)$, $e_{\mathrm{d}}(t)$ 为扰动动态误差。两者之和即为系统动态误差

$$e(t) = e_{\mathrm{r}}(t) + e_{\mathrm{d}}(t) \tag{4-17}$$

式(4-17)表明,系统的误差 $e(t)$ 为时间的函数是动态误差,是跟随动态误差 $e_{\mathrm{r}}(t)$ 和扰动动态误差 $e_{\mathrm{d}}(t)$ 的代数和。

对稳定的系统,当时 $t \to \infty$, $e(t)$ 的极限值即为稳态误差 e_{ss},即

$$e_{\mathrm{ss}} = \lim_{t \to \infty} e(t) \tag{4-18}$$

2. 系统稳态误差 e_{ss}

利用拉氏变换终值定理可以直接由拉氏式 $E(s)$ 求得稳态误差,即

$$e_{\mathrm{ss}} = \lim_{t \to \infty} e(t) = \lim_{s \to 0} sE(s) \tag{4-19}$$

由式(4-15)~式(4-17)有

(1)跟随稳态误差

$$e_{\mathrm{ssr}} = \lim_{s \to 0} sE_{\mathrm{r}}(s) = \lim_{s \to 0} \frac{s}{[1 + G_1(s)G_2(s)H(s)]H(s)}R(s) \tag{4-20}$$

(2)扰动稳态误差

$$e_{\mathrm{ssd}} = \lim_{s \to 0} sE_{\mathrm{d}}(s) = \lim_{s \to 0} \frac{sG_2(s)}{1 + G_1(s)G_2(s)H(s)}D(s) \tag{4-21}$$

自动控制原理与应用

(3)系统的稳态误差

$$e_{ss} = e_{ssr} + e_{ssd} \qquad (4-22)$$

由式(4－20)～式(4－22)可见,式中 $G_1(s)$、$G_2(s)$、$H(s)$ 不仅取决于系统的结构、参数,还取决于系统输入量(或扰动量)及作用点的位置;$R(s)$ 取决于系统的输入,$D(s)$ 取决于外界扰动的影响;式(4－16)分子中的 $G_2(s)$ 取决于扰动量的作用点。

二、计算稳态误差的步骤

(一)写出系统的闭环传递函数和开环传递函数
如果系统的结构图比较复杂,还需要化简框图。
(二)判断系统的稳定性
系统不稳定,计算稳态误差没有意义,系统的稳定性判断可通过系统稳定的充要条件、对数频率判据和稳定裕量来判断。
(三)采用通用公式计算稳态误差
用式(4－20)、(4－21)和(4－22)完成稳态误差的计算。

 任 务 实 施

一、任务

随动系统的特点是给定量在不断变化,要求系统的输出量跟随输入量的变换化而变化。输入信号可能是位置的突变(阶跃信号),也可能是位置均匀变化的单位斜坡信号,也可能是加速递增(等加速信号)。对随动系统来讲,主要是跟随稳态误差 e_{ssr}。

某随动系统的结构框图见本项目图4－11,框图中取 $K_2 = 0.5$,系统输入信号为斜坡信号,即 $R(s) = 200/s^2$,计算该随动系统的稳态误差。

二、任务实施过程

(一)写出系统的开环传递函数和闭环传递函数
1. 系统的开环传递函数

$$G(s) = G_1(s)G_2(s)G_3(s)G_4(s)G_5(s)H(s) = \frac{K}{s(T_x s+1)(T_m s+1)}$$

$$= \frac{5.73 \times 25 \times 0.5 \times 4 \times 0.1}{s(0.01s+1)(0.2s+1)} = \frac{28.6}{s(0.01s+1)(0.2s+1)}$$

式中,$K = K_1 K_2 K_3 K_4 K_5$。

2. 系统的闭环传递函数为

$$\Phi(s) = \frac{G(s)}{1+G(s)\times 1} = \frac{\dfrac{28.6}{s(0.01s+1)(0.2s+1)}}{1+\dfrac{28.6}{s(0.01s+1)(0.2s+1)}}$$

$$= \frac{28.6}{s(0.01s+1)(0.2s+1)+28.6}$$

$$= \frac{28.6}{0.002s^3+0.21s^2+s+28.6}$$

由系统的开环传递函数可看出。该随动系统是一个三阶系统,前向通路中有一个积分环节。

(二)判断系统的稳定性

在本任务中,采用系统稳定的充要条件判断系统的稳定性,系统的特征方程为

$$0.002s^3 + 0.21s^2 + s + 28.6 = 0$$

由 MATLAB 软件求解的特征方程的根为

$$s_1 = -1.0146; s_2 = -0.017\,7 + 0.117\,4i; s_3 = -0.017\,7 - 0.117\,4i$$

特征方程共有三个特征根,其中一个为实根,一对是共轭复根。而且三个根的实部均小于零,由此可知该系统是稳定的,计算稳态误差是有意义的。

(三)计算跟随稳态误差

系统的输入量为斜坡信号,其稳态误差为

$$
\begin{aligned}
e_{ssr} &= \lim_{s \to 0} \frac{s}{[1 + G_1(s)G_2(s)G_3(s)G_4(s)G_5(s)H(s)]H(s)} R(s) \\
&= \lim_{s \to 0} \frac{sR(s)}{1 + G(s)} \\
&= \lim_{s \to 0} \frac{s}{\dfrac{28.6}{s(0.01s+1)(0.2s+1)} + 1} \times \frac{200}{s^2} \\
&= \lim_{s \to 0} \frac{s(0.002s^3 + 021s^2 + s)}{1 + 28.6} \times \frac{200}{s^2} = \frac{200}{29.6} = 6.76 \text{ 密位}①
\end{aligned}
$$

由稳态误差计算可知,该系统稳态误差不为零,是有静差的系统,为提高跟踪的精度,可增大系统的开环增益 K,但在本项目"模块 1—任务 3"中已证明,增大开环增益会导致系统的稳定性变差,甚至不稳定,因此,增大开环增益对改善系统稳态性能的作用不明显。

任务小结

稳态误差是在系统误差概念定义基础上引申出的概念,稳态误差用于定量描述系统在稳定运行时,控制的准确程度,稳态误差不仅取决于系统的结构和参数,而且还取决于输入量和扰动量及扰动量的作用点位置,其计算按照本任务给出的通式,按照有关步骤进行计算。

任务2　影响系统稳态性能的因素

【知识目标】

1.掌握使用以开环增益、系统型别表示的稳态误差计算公式。

2.重点掌握影响稳态性能的基本因素。

【能力目标】

具备用开环增益、系统型别表示的稳态误差计算公式计算稳态误差的能力。

---

① 密位为工程上的角位移单位,其定义为一周360°等于6 000密位,这样,1 密位 = 0.06°。

系统的稳态误差由跟随误差和扰动误差两部分组成,它们不仅和系统的结构、参数有关,而且还和作用量(输入量和扰动量)的大小、变化规律和作用点有关。对于一个稳定的系统,当输入信号形式一定时,系统是否存在误差就取决于开环传递函数描述的系统结构。通过任务的学习,掌握以开环增益、系统的型别表示的稳态误差计算公式及稳态误差的计算,从该公式出发,探讨影响稳态性能的因素及改善稳态性能的途径。

一、用系统的开环增益、型别和输入量表示的稳态误差

设控制系统的传递函数为

$$G(s) = \frac{K \prod (\tau s + 1)(b_0 s^2 + b_1 s + 1)}{s^\nu \prod (Ts + 1)(a_2 s^2 + a_1 s + 1)}$$

在这些典型环节中,当 $s \to 0$ 时,除 K 和 s^ν 外,其他各项均趋于 1。这样,系统的稳态误差将主要取决于系统中的比例和积分环节,这是一个十分重要的结论。

在图 4-13 所示的典型系统的前向通路中,设 $G_1(s)$ 中包含 ν_1 个积分环节(扰动作用点前的积分个数),其增益为 K_1,$G_2(s)$ 中包含 ν_2 个积分环节(扰动作用点后的积分环节个数),其增益为 K_2,反馈环节 $H(s)$ 中不含积分环节,其增益为 α,其中

$$\lim_{s \to 0} H(s) = \alpha \tag{4-23}$$

跟随稳态误差表示式为

$$e_{ssr} = \lim_{s \to 0} \frac{sR(s)}{[1 + G_1(s)G_2(s)H(s)]H(s)} \approx \lim_{s \to 0} \frac{s^{(\nu+1)}}{\alpha(K+1)} R(s) \tag{4-24}$$

式中,$K = K_1 K_2 \alpha$ 是系统开环传递函数的放大系数,$\nu(\nu = \nu_1 + \nu_2)$ 是系统前向通路中的总积分环节个数,根据前向通路中所含的积分环节个数,可确定系统的型别。

扰动稳态稳态误差的表示式为

$$e_{ssd} = \lim_{s \to 0} \frac{sG_2(s)D(s)}{1 + G_1(s)G_2(s)H(s)} \approx \lim_{s \to 0} \frac{s^{(\nu_1+1)}}{\alpha K_1} D(s) \tag{4-25}$$

二、影响系统稳态误差的因素

由式(4-24)和式(4-25)可看出,影响系统稳态误差的因素主要有系统的开环增益、前向通路中的积分环节个数和输入信号。

(一)系统的开环增益

对跟随稳态误差,系统的开环增益 K 越大,稳态误差越小,反之则越大;对扰动稳态误差而言,扰动作用点之前的前向通路中各环节增益的乘积 K_1 越大,则误差越小,反之亦然。

(二)系统的型别(系统前向通路的积分环节个数)

系统的稳态误差与系统中所包含的积分环节的个数 ν(或 ν_1,下同)有关,因此工程上往往把系统中所包含的积分环节的个数 ν 称为型别,或无静差度。

若 $\nu = 0$,称为 0 型系统(又称零阶无静差)。

若 $\nu=1$，称为 I 型系统（又称一阶无静差）。

若 $\nu=2$，称为 II 型系统（又称二阶无静差）。

由于含两个以上积分环节的系统不易稳定，所以很少采用 II 型以上的系统。对同一个系统，由于作用量和作用点不同，一般说来，其跟随稳态误差和扰动稳态误差不同。对随动系统来说，跟随稳态误差是主要的；对恒值控制系统，扰动稳态误差是主要的（对动态误差也大致如此）。

对于确定的输入信号（给定输入量和扰动输入量），适当增加积分环节的个数有利于减小稳态误差。

（三）系统的输入信号

对于确定的系统（系统的型别和开环增益是确定的），输入量不同，产生的稳态误差也不相同。而且输入的信号和控制系统的类型是对应的，若输入其他信号，可能会产生更大的误差，比如对 I 型恒值控制系统，输入单位阶跃信号，其稳态误差为零，若输入单位斜坡信号，则系统的稳态误差很大。

1. 常用的输入信号

由式（4-24）和式（4-25）可看出，对变化规律不同的输入信号，系统的稳态误差也将不同。在实际应用中，常用三种典型输入信号来进行分析，它们是：

单位阶跃信号 $\qquad r(t)=1 \to R(s)=1/s$

单位斜坡信号（等速信号）$\qquad r(t)=t \to R(s)=1/s^2$

等加速信号（抛物线信号）$\qquad r(t)=t/2 \to R(s)=1/s^3$

2. 系统跟随稳态误差与系统型别、输入信号类型间的关系

现以跟随稳态误差为例来分析 $r(t)$ 与 e_{ssr} 间的关系。

（1）0 型系统 $\nu=0$，代入式（4-24）求得不同信号作用下的稳态误差

$$e_{\mathrm{ssr}}=\lim_{s\to 0}\frac{s}{\alpha(1+K)}R(s)\begin{cases}\text{单位阶跃信号作用时}:R(s)=\dfrac{1}{s},e_{\mathrm{ssr}}=\dfrac{1/\alpha}{1+K}\\[2mm]\text{单位斜坡信号作用时}:R(s)=\dfrac{1}{s^2},e_{\mathrm{ssr}}\to\infty\\[2mm]\text{等加速信号作用时}:R(s)=\dfrac{1}{s^3},e_{\mathrm{ssr}}\to\infty\end{cases} \quad (4-26)$$

（2）I 型系统 $\nu=1$，代入式（4-24）求得不同信号作用下的稳态误差

$$e_{\mathrm{ssr}}=\lim_{s\to 0}\frac{s}{\alpha(1+K)}R(s)\begin{cases}\text{单位阶跃信号作用时}:R(s)=\dfrac{1}{s},e_{\mathrm{ssr}}=0\\[2mm]\text{单位斜坡信号作用时}:R(s)=\dfrac{1}{s^2},e_{\mathrm{ssr}}\to\dfrac{1/\alpha}{1+K}\\[2mm]\text{等加速信号作用时}:R(s)=\dfrac{1}{s^3},e_{\mathrm{ssr}}\to\infty\end{cases} \quad (4-27)$$

（3）II 型系统 $\nu=2$，代入式（4-24）求得不同信号作用下的稳态误差

$$e_{\mathrm{ssr}}=\lim_{s\to 0}\frac{s}{\alpha(1+K)}R(s)\begin{cases}\text{单位阶跃信号作用时}:R(s)=\dfrac{1}{s},e_{\mathrm{ssr}}=0\\[2mm]\text{单位斜坡信号作用时}:R(s)=\dfrac{1}{s^2},e_{\mathrm{ssr}}=0\\[2mm]\text{等加速信号作用时}:R(s)=\dfrac{1}{s^3},e_{\mathrm{ssr}}\to\dfrac{1/\alpha}{1+K}\end{cases} \quad (4-28)$$

通过分析计算可知,对于同一系统,不同的输入信号产生的稳态误差不同,特别是对有些未知的扰动信号。由此说明系统的输入量也可以产生稳态误差,将0,I,II型系统的稳态误差列于表4-2。

表4-2　系统稳态误差与输入信号及系统型别间的关系

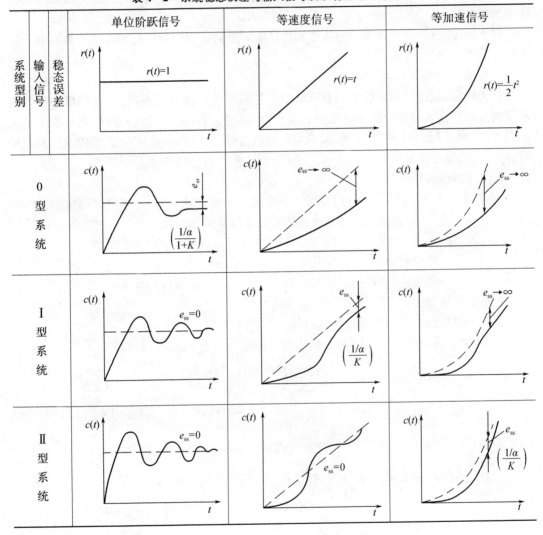

一、任务

图4-14是晶闸管直流调速系统的结构图,电网波动电压 $\Delta u = -20$ V(扰动量),系统给定输入量为 $u_s = 10$ V,求系统的扰动稳态误差,指出改善系统稳态性能的途径。

二、任务实施过程

按照控制系统的分类,晶闸管直流调速系统属于恒值控制系统。恒值控制系统的特点

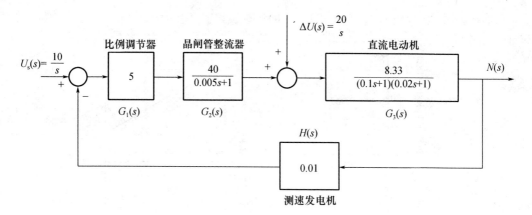

图 4 - 14　晶闸管直流调速系统结构图

是系统的输入量是恒定的,要求系统的输出量也要恒定。晶闸管直流调速系统的任务就是在系统受到扰动作用后要保持系统的转速恒定,因此,扰动稳态误差是主要的。

(一)写出系统的传递函数

系统的开环传递函数为

$$
\begin{aligned}
G(s) &= G_1(s)G_2(s)G_3(s)H(s) \\
&= 5 \times \frac{40}{0.005s+1} \times \frac{8.33}{(0.1s+1)(0.02s+1)} \times 0.01 \\
&= \frac{16.66}{(0.005s+1)(0.1s+1)(0.02s+1)} \\
&= \frac{16.66 \times 10^5}{(s+200)(s+10)(s+50)}
\end{aligned}
$$

由开环传递函数看出,该系统是 0 型系统,前向通路中没有积分环节。

(二)判断系统的稳定性

根据稳定裕量的具体数值,可以判断系统的稳定性。用 MATLAB 计算的稳定裕量分别为:增益裕量 $Gm = 5.53$ dB;相位穿越频率 $\omega_g = 112$ rad/s;相位裕量为 $Pm = 16.9°$ 增益穿越频率 $\omega_c = 80.7$ rad/s 见图 4 - 15。由此可知系统是稳定的,但相位稳定裕量较小。系统的开环频率特性曲线见图 4 - 15。

(三)稳态误差计算

1. 扰动稳态误差计算

由图 4 - 14 看出,扰动作用点之前的环节增益 $K_1 = 5 \times 40 = 200$,反馈环节的增益 $\alpha = \lim_{s \to 0} H(s) = 0.01$,扰动作用点之前的环节所含积分环节个数为零,即 $\nu_1 = 0$,则扰动稳态误差为

$$
\begin{aligned}
e_{ssd} &= \lim_{s \to 1} \frac{sG_3(s)\Delta U(s)}{1+G_1(s)G_2(s)G_3(s)H(s)} \approx \lim_{s \to 0} \frac{s^{(\nu_1+1)}}{\alpha K_1}\Delta U(s) \\
&= \lim_{s \to 0} \frac{s}{0.01 \times 200} \times \frac{-20}{s} = -10 \ \text{r/min}
\end{aligned}
$$

2. 跟随稳态误差计算

系统的开环增益 $K = 1.666 \times 10^5$,反馈环节的增益 $\alpha = \lim_{s \to 0} H(s) = 0.01$,前向通路所含积

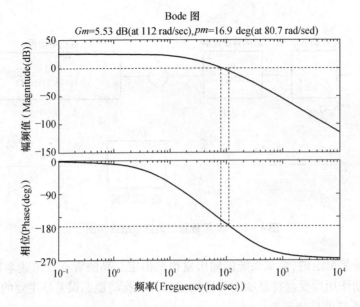

图 4 – 15   晶闸管直流调速系统开环对数频率特性曲线

分环节个数为零,即 $\nu = 0$,则跟随稳态误差为

$$e_{ssr} = \lim_{s \to 0} \frac{sU_s(s)}{[1 + G_1(s)G_2(s)G_3(s)H(s)]H(s)} \approx \lim_{s \to 0} \frac{s^{(\nu+1)}}{\alpha(K+1)}U_s(s)$$

$$= \lim_{s \to 0} \frac{s}{0.01 \times (1 + 16.66 \times 10^5)} \times \frac{-10}{s} \approx 0$$

(四)改善稳态性能的途径

由计算可知,该晶闸管直流调速系的扰动稳态误差是主要的,而跟随稳态误差是次要的。为减小扰动稳态误差,可有三个途径:

(1)增大系统扰动作用点之前环节的增益 K_1。对于结构确定的系统,只有改变系统的调节器的增益,但本系统的相位稳定裕量只有 16.9°,增大 K_1 并不能使扰动稳态误差显著减小,反而会使系统的稳定性变差,此途径无法改善系统的稳态性能。

(2)增大扰动作用点之前的前向通路的积分环节个数。增大 ν_1,这就要改变调节器的结构,多一个积分环节意味着系统的稳定性变差,稳定性和稳态性能之间是相互矛盾的,该措施也无法改善系统的性能。

(3)补偿扰动信号产生的稳态误差。需要测定扰动信号的变化规律和量值,设计一个补偿装置,这只能在扰动信号可测的情况下使用。关于输入信号产生的稳态误差的补偿将在"项目5"中进行阐述。

系统的稳态误差除了式(4 – 20)、式(4 – 21)和式(4 – 22)三个计算的通式外,还可采用以系统的开环增益、系统的型别表示的稳态误差计算式,见式(4 – 24)和式(4 – 25)。影响稳态误差的主要因素是系统的开环增益、系统的型别和输入信号。

模块 3　动态性能分析

 任务目标

【知识目标】

1. 掌握系统的过渡过程、动态性能等基本概念。

2. 掌握二阶系统的过渡过程,了解二阶系统指标公式的推导。

【能力目标】

初步具备根据动态指标分析系统的动态性能的能力。

 任务描述

不同的控制系统对动态性能的要求不同,对军事和航空航天领域的自动控制系统来说,要求系统的反应速度要快,即执行控制指令和消除干扰的速度要快,这就对系统的动态性能提出了更高要求;对于一般的民用工业控制系统,只要有合适的响应速度就可以了。本任务主要掌握二阶系统的动态性能。

 任务实施

一、过渡过程的基本概念

对于一个稳定的系统,当系统的输入量发生改变或系统受到扰动后,原来的平衡状态被破坏,系统的输出量处于动态变化过程,由于控制系统有惯性、时间延迟等问题,系统要恢复原来的平衡状态,或者要达到新的平衡状态,需要时间不能立即完成,也就是说系统重新进入稳定运行状态,需要调整的时间。我们把系统从一个平衡状态调整到原来的平衡状态,或达到一个新的平衡状态所经历的过程,称为过渡过程。生活中的过渡过程很多,如汽车刹车的过程就是一个典型的过渡过程(见图 4 – 16)。

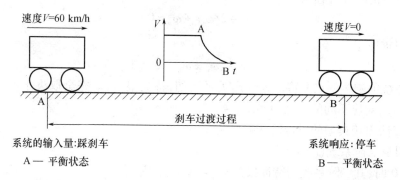

图 4 – 16　刹车的过渡过程

二、动态性能的基本概念及评价指标

系统在过渡过程中所具有的性能,被称为动态性能。动态性能由最大超调量 σ、振荡次

数 N、上升时间 t_r 和调节时间 t_s 等时域指标来评价,其中最大超调量 σ 和调节时间 t_s 是衡量动态性能的两个主要指标,而最大超调量 σ 和振荡次数 N 则反映了系统的相对稳定性,上升时间 t_r 和调节时间反映了系统的快速性。

三、典型二阶系统的动态特性分析

(一)二阶系统的微分方程

$$T^2 \frac{d^2 c(t)}{dt^2} + 2T\xi \frac{dc(t)}{dt} + c(t) = r(t) \qquad (4-29)$$

式中,ξ 称为阻尼比;ω_n 为自然振荡角频率;T 为二阶系统的时间常数。

(二)二阶系统的结构框图

二阶系统的结构框图,如图 4-17 所示。

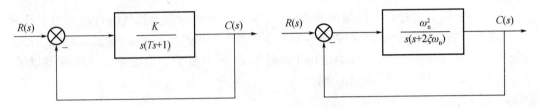

图 4-17　二阶系统结构图

(三)二阶系统的闭环传递函数

由图 4-17 结构图可求得二阶系统的闭环传递函数为

$$\Phi(s) = \frac{K}{Ts^2 + s + K} = \frac{K/T}{s^2 + \frac{1}{T}s + \frac{K}{T}} = \frac{\omega_n^2}{s^2 + 2\xi\omega_n s + \omega_n^2} \qquad (4-30)$$

式中,$\omega_n = \sqrt{K/T}$,$\xi = 1/2 \sqrt{TK}$。

(四)二阶系统特征方程的根

二阶系统的特征方程为

$$s^2 + 2\xi\omega_n s + \omega_n^2 = 0$$

特征方程的特征根为

$$s_{1,2} = -\xi\omega_n \pm \omega_n \sqrt{\xi^2 - 1} \qquad (4-31)$$

二阶系统的响应特点和特征根性质关系密切,特征根 s_1、s_2 完全取决于参数 ξ、ω_n。不同的阻尼比 ξ,对应不同的特征根和阶跃响应。

(五)二阶系统典型的单位阶跃响应曲线

1. 无阻尼二阶系统($\xi = 0$)

当 $\xi = 0$ 时,其二阶系统的特征根为 $s_{1,2} = \pm j\omega_n$。则

$$C(s) = \frac{\omega_n^2}{(s + j\omega_n)(s - j\omega_n)} \times \frac{1}{s} = \frac{1}{s} - \frac{s}{s^2 + \omega_n^2}$$

对上式中的 $C(s)$ 进行拉氏反变换可得系统输出量时域 $c(t)$ 的表达式为

$$c(t) = L^{-1}[C(s)] = L^{-1}\left[\frac{1}{s} - \frac{s}{s^2 + \omega_n^2}\right] = 1 - \cos\omega_n t \quad (t \geq 0) \qquad (4-32)$$

从 $c(t)$ 的表达式出发,绘制无阻尼振荡曲线(见图 4-18),从图中可看出,无阻尼过渡曲线为等幅振荡曲线,此时,二阶系统不具有稳定性。

2. 欠阻尼($0 < \xi < 1$)二阶系统

当 $0 < \xi < 1$ 时,特征方程具有一对负实部的共轭复根

$$s_{1,2} = -\xi\omega_n \pm j\omega_n \sqrt{1-\xi^2}$$

系统输出量 $c(t)$ 的表达式为

$$c(t) = 1 - \frac{e^{-\xi\omega_n t}}{\sqrt{1-\xi^2}}\sin(\omega_d t + \varphi) \quad (t \geq 0) \tag{4-33}$$

式中 ω_d 为阻尼振荡频率,φ 为初相位

$$\omega_d = \omega_n \sqrt{1-\xi^2}, \varphi = \arctan\frac{\sqrt{1-\xi^2}}{\xi}$$

从 $c(t)$ 的表达式出发,绘制欠阻尼振荡曲线见图 4-19,从图中可看出,欠阻尼过渡曲线为衰减振荡曲线,在自然振荡频率 ω_n 一定的情况下,系统过渡的平稳性取决于阻尼比 ξ。

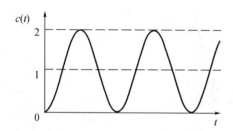

图 4-18 无阻尼过渡过程曲线

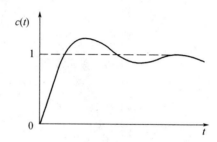

图 4-19 欠阻尼二阶系统过渡曲线

3. 临界阻尼二阶系统($\xi = 1$)

当 $\xi = 1$ 时,特征方程具有两个相等的实根

$$s_{1,2} = -\omega_n$$

系统输出量 $c(t)$ 的表达式为

$$c(t) = 1 - e^{-\omega_n t}(1 + \omega_n t) \quad (t \geq 0) \tag{4-34}$$

从 $c(t)$ 的表达式出发,绘制临界阻尼过渡曲线见图 4-20,从图中可看出,临界阻尼过渡曲线为按照指数规律变化的单调上升曲线,系统过渡的过程比较平稳。

4. 过阻尼二阶系统($\xi > 1$)

当 $\xi > 1$ 时,特征方程具有两个不相等的实根

$$s_{1,2} = -\xi\omega_n \pm \omega_n \sqrt{\xi^2-1}$$

系统输出量 $c(t)$ 的表达式的求解方法同无阻尼状态,其表达式为

$$c(t) = 1 - \frac{1}{2(1 + \xi\sqrt{\xi^2-1} - \xi^2)}e^{-(\xi - \sqrt{\xi^2-1})\omega_n t} - \frac{1}{2(1 - \xi\sqrt{\xi^2-1} - \xi^2)}e^{-(\xi + \sqrt{\xi^2-1})\omega_n t}$$

$$\tag{4-35}$$

从 $c(t)$ 的表达式出发,绘制过阻尼过渡曲线(见图 4-21),从图中可看出,过阻尼过渡曲线为按照指数规律变化的单调上升曲线,系统过渡的过程比较平稳。

综上所述,二阶系统的过渡过程曲线是随着阻尼比的变化而变化。随阻尼比变化的过渡曲线族见图 4-22。

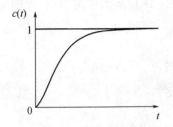

图 4 - 20　临界阻尼系统过渡曲线

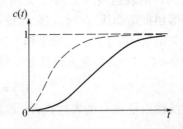

图 4 - 21　过阻尼系统过渡曲线

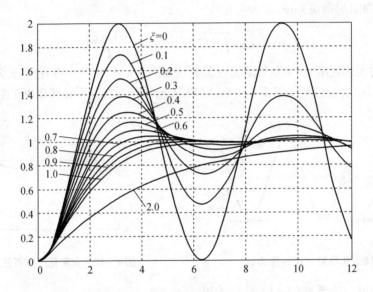

图 4 - 22　二阶系统随阻尼比变化时的单位阶跃响应

四、二阶系统动态性能分析总结

从图 4 - 22 可看出,二阶系统随阻尼比的变化,具有以下特点。

(一)平稳性

当自然振荡频率 ω_n 一定时,二阶系统的平稳性主要由阻尼比 ξ 决定,ξ 越大则超调量 $\sigma\%$ 越小,平稳性越好。当 $\xi = 0$ 时,系统响应为等幅振荡,不能稳定工作;当 $0 < \xi < 1$ 时,系统响应为减幅振荡,随阻尼比的增大,超调量减小;当 $\xi \geq 1$ 时,系统的响应曲线不超调,按照指数的规律单调上升变化。

(二)快速性

当自然振荡频率 ω_n 一定时,若 $\xi < 0.7$,ξ 越小,则 t_s 越大,而当 $\xi > 0.7$ 之后,ξ 越大,则 t_s 越大,即 ξ 太小或太大,快速性均变差;当 $\xi = 0.707$ 时,系统响应被称为最佳响应,其超调量 σ 不大,过渡过程时间最短;当 $\xi \geq 1$ 时,二阶系统调节速度较慢,需较长时间才能进入稳定运行状态。

工程应用中,ξ 是根据超调量的要求来确定的。除了有些场合不允许产生振荡(如指示和记录仪表系统等)外,通常采用欠阻尼系统,且阻尼比通常选择 0.4 ~ 0.8 之间,以保证系统的快速性同时又不至于产生过大的振荡。

*五、二阶系统的动态指标①

动态指标的计算是按照二阶系统的欠阻尼状态进行的,其计算指标的过渡曲线见图 4 - 23。

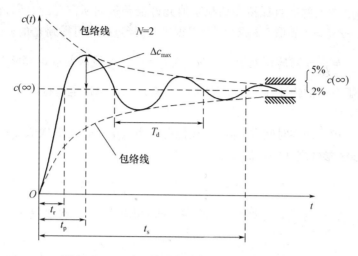

图 4 - 23　二阶系统阶跃响应曲线及动态指标

输出量 $c(t)$ 为

$$c(t) = 1 - \frac{e^{-\xi\omega_n t}}{\sqrt{1-\xi^2}}\sin(\omega_d t + \varphi) \quad (t \geq 0)$$

（一）最大超调量（$\sigma\%$）

输出量的最大峰值为 $c(t_p)$,稳态值为 $c(\infty)$,$c(t_p)$ 与 $c(\infty)$ 的最大偏差为 $\Delta c_{max} = c(t_p) - c(\infty)$,这样最大超调量定义为最大偏差 Δc_{max} 与稳态值 $c(\infty)$ 比值的百分数。即

$$\sigma = \frac{\Delta c_{max}}{c(\infty)} \times 100\% = \frac{c(t_p) - c(\infty)}{c(\infty)} \times 100\% \qquad (4-36)$$

式中 $c(t_p)$ 为系统输出量的第一个峰值,t_p 为峰值时间。

对式 $c(t)$ 响应表达式求导并令其为零,可解得第一个峰值对应的时间为峰值时间,则峰值时间 t_p 为

$$t_p = \frac{\pi}{\omega_n \sqrt{1-\xi^2}} \quad (0 < \xi < 1)$$

将 t_p 代入式（4 - 36）可得超调量的表达式为

$$\sigma\% = e^{-\frac{\xi\pi}{\sqrt{1-\xi^2}}} \times 100\% \qquad (4-37)$$

最大超调量反映了系统的相对稳定程度,最大超调量越小,则说明系统过渡过程进行的越平稳。

（二）上升时间（t_r）

系统的输出量第一次达到稳态值时所对应的时间,称为上升时间。根据定义,令 $c(t) = c(\infty)$（二阶系统单位阶跃响应稳态值为1）可解得 t_r 为

---

① 带 * 号的内容为选学内容。

$$t_r = \frac{\pi - \varphi}{\omega_d} \qquad (4-38)$$

上升时间反映了系统的快速性。上升时间越小,系统的快速性也就越好。

（三）调节时间（t_s）

系统输出量进入并一直保持在离稳态值允许误差带内所需要的时间,称为调节时间。允许误差带为 $\pm \delta c(\infty)$,δ 取 2% 或 5%。根据定义,经过推导可得到 t_s 的表达式为

$$t_s = \frac{4}{\xi \omega_n}（对应误差带 \delta = 2\%）或 t_s = \frac{3}{\xi \omega_n}（对应误差带 \delta = 5\%） \qquad (4-39)$$

调整时间反映了系统的快速性。调整时间越小,系统的快速性也就越好。

（四）振荡次数（N）

振荡次数是指在调整时间内,输出量在稳态值附近上下摆动的次数。在典型二阶系统中,它与二阶系统参数之间的近似关系是

$$N = -\frac{1.5}{\ln \sigma}（\delta 取 2\%）或 N = -\frac{2}{\ln \sigma}（\delta 取 5\%） \qquad (4-40)$$

式（4-40）中,σ 为最大超调量。从式（4-40）可看出,振荡次数越少,表明系统的相对稳定性越好。

 任务小结

动态性能是自动控制系统的基本性能之一,主要用于描述系统过渡的快速性和过渡的平稳性,由于系统有惯性和延迟,过渡过程是无法避免的。动态指标中的最大超调量 $\sigma\%$、振荡次数 N 用来衡量过渡的平稳性,而调节时间 t_s、上升时间 t_r 用来衡量过渡的快速性。二阶系统根据阻尼比 ξ 的不同,其过渡过程可分为无阻尼振荡（等幅振荡）、欠阻尼振荡（衰减振荡）、临界阻尼和过阻尼等五种状态,当阻尼比 $\xi = 0.707$ 时,二阶系统的过渡过程最佳,最大超量较小,而且调整时间较短,稳定性和快速性之间折中最好。

模块 4　系统开环频率特性与系统性能之间的关系

 任务目标

1. 理解系统的开环频率特性与系统性能之间的对应关系。
2. 掌握系统的频率指标和时域指标之间的对应关系。

 任务描述

系统的性能（稳定性、动态性能、稳态性能和抗干扰性能）在时域中的表现形式和系统的开环频率特性之间存在着对应关系,低频段对应系统的稳态性能;中频段对应系统的动态性能;高频段对应系统的抗干扰性能;而且时域指标和频率指标之间也存在着对应的关系。掌握这一特点,有利于分析系统的性能,也有利于设计控制系统。特别注意的是,使用系统的开环对数幅频特性曲线分析系统的稳态性能和动态性能时,只适用于单位负反馈系统。

系统的开环对数频率特性曲线见图 4－24，由图 4－24 可看出，系统的频率特性按照频率范围划分，可分为三段：低频段、中频段和高频段，每一段都对应系统的某一项性能。

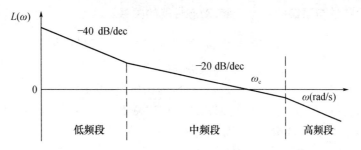

图 4－24　系统的开环对数幅频特性曲线

一、低频段特性与系统的稳态性能的关系

在对数幅频特性图中，低频段通常是指 $L(\omega)$ 曲线在第一个交接频率以前的区段。此段的特性由开环传递函数中的积分环节和开环放大系数决定。

设低频段对应的开环传递函数为

$$G(s) = \frac{K}{s^{\nu}}$$

则其对数幅频特性为

$$L(\omega) = 20\lg|G(j\omega)| = 20\lg\frac{K}{\omega^{\nu}} = 20\lg K - 20\nu\lg\omega$$

低频段开环对数频率特性曲线见图 4－24。

放大系数 K 与低频段高度的关系为

$$20\lg K - 20 \times \nu\lg\omega = 0$$
$$\omega = \sqrt[\nu]{K}$$

系统稳态精度，即稳态误差 e_{ss} 的大小，取决于系统的放大系数 K（开环增益）和系统的型别（积分个数 ν）。积分个数 ν 决定了低频渐近线的斜率，放大系数 K 决定了渐近线的高度，见图 4－25。

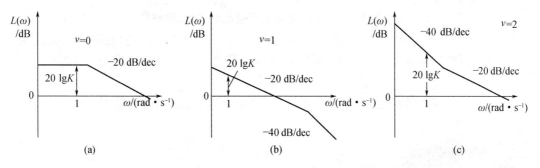

图 4－25　低频段的 $L(\omega)$ 频率特性曲线

（a）0 型系统；（b）Ⅰ型系统；（c）Ⅱ型系统

0 型系统：$\nu = 0$ 时，$L(\omega) = 20\lg K$。

Ⅰ型系统：$\nu = 1$ 时，$L(\omega) = 20\lg K - 20\lg\omega$。

Ⅱ型系统：$\nu = 2$ 时，$L(\omega) = 20\lg K - 40\lg\omega$。

开环对数幅频特性的低频渐近线斜率越大(指绝对值)、位置越高，对应的开环系统积分环节的个数越多、放大倍数越大，系统的稳态误差越小、稳态精度越高。

二、中频段特性与系统的稳态性能、动态性能的关系

中频段是指 $L(\omega)$ 曲线在穿越频率 ω_c 附近的区域。对于最小相位系统(即开环传递函数中无右极点)，若开环对数幅频特性曲线的斜率为

$$-20\nu \text{ dB/dec，对应的相角为} -90\nu°$$

中频段幅频特性在 ω_c 处的斜率，对系统的相位裕量 γ 有很大的影响，为保证相位裕量 $\gamma > 0$，中频段斜率应取 -20 dB/dec，而且应占有一定的频率宽度。

系统开环中频段的频域指标 ω_c 和 γ 反映了闭环系统动态响应的稳定性 σ 和快速性 t_s，对最小相位系统，ω_c 和 t_s，σ 和 γ 成反比关系。由开环中频段特性可分析对系统动态性能的影响。

中频段斜率小于 -40 dB/dec 时，闭环系统难以稳定。因此，通常中频段斜率取 -20 dB/dec，可以获得较好的稳定性，依靠提高穿越频率 ω_c，获得较好的快速性。

三、高频段与系统抗干扰性能、动态性能的关系

高频段通常是指 $L(\omega)$ 曲线在 $\omega > 10\omega_c$ 以后的区域。$L(\omega)$ 的渐近线的斜率在 -60 dB/dec 或更低(如 -80 dB/dec)。由于高频段环节的交接频率很高，因此，对应环节的时间常数都很小，而且随着 $L(\omega)$ 线的下降，其分贝数很低，所以对系统的动态性能影响不是很大。在高频段，通常有 $L(\omega) \gg 0$，即 $|G(j\omega)| \gg 0$，所以

$$|\Phi(j\omega)| = \frac{|G(j\omega)|}{|1 + G(j\omega)|} \approx |G(j\omega)|$$

其闭环幅频特性近似等于开环幅频特性。

高频段对数幅频特性 $L(\omega)$ 线的斜率高低反映了系统抗高频干扰的能力，负斜率的绝对值越大，对数幅频特性曲线 $L(\omega)$ 越陡，系统的抗干扰能力越强，即高频衰减能力强。

 **任务小结**

系统的开环对数幅频特性和系统的稳定性、稳态性能和动态性能之间有密切的关系，幅频特性曲线的低频段对应系统的稳态性能，中频段一般对应系统的稳定性和动态性能，而高频段则对应系统的抗干扰性能，在频域的 Bode 图上可直观的分析系统的性能。

综合任务　分析直流调速系统的基本性能[①]

 **任务目标**

具备稳定性、稳态性能的和动态性能的有关知识和使用方法，熟练分析一般系统的基

---

① "综合任务"根据学生情况灵活实施。

本性能的能力。

在掌握控制系统性能的有关概念、分析方法后,能够综合运用已学到的知识和形成的能力,去解决实际控制系统性能分析的问题,这是项目4最终要达到的目标。

一、调速的概念

电动机是用来拖动某种生产机械的动力设备,所以需要根据工艺要求调节其转速。比如在加工毛坯工件时,为了防止工件表面对生产刀具的磨损,要求电机低速运行;而在对工件进行精加工时,为了缩短工加工时间,提高产品的成本效益,要求电机高速运行。因此我们就将调节电动机转速,以适应生产要求的过程就称之为调速;而用于完成这一功能的自动控制系统称为调速系统。

二、调速系统的分类

目前调速系统分交流调速和直流调速系统,由于直流调速系统具有调速范围广、静差率小、稳定性好以及良好的动态性能等特点,在相当长的时期内,高性能的调速系统几乎都采用了直流调速系统。近年来,随着电子工业与技术的发展,高性能的交流调速系统的应用范围逐渐扩大,有取代直流调速系统的发展趋势,但作为一个沿用了近百年的调速系统,了解其基本的工作原理,有助于加深对自动控制原理的理解。

一、任务

直流调速系统的结构图如图 4 - 26 所示,其机电时间常数 $T_m = \dfrac{JR}{K_m C_e} = 0.5$ s,反电势系数 $C_e = 0.1$ V·s/rad,$K_m = 0.1$ N·m/A,$R = 4$ Ω,功率放大器传递函数为 $G(s) = \dfrac{10}{0.05\,s + 1}$,速度反馈系数 $\alpha = 0.1$ V·s/rad,$T_{on} = 0.012\,5$ s,系统调节器传递函数为 $G_c(s) = 2$。

试绘制系统开环对数幅频特性曲线,分析闭环的稳定性、稳态性能和动态性能。

二、任务实施过程

(一)结构图的化简

假设只有给定输入量 $U_i(s)$ 作用于系统,即 $M_{fl} = 0$,将直流电机简化为一个环节,这时系统结构图化简为图 4 - 27。

(二)系统的开环对数频率特性曲线绘制

1. 开环传递函数

由 $T_m = \dfrac{JR}{K_m C_e} = 0.5$ 可得

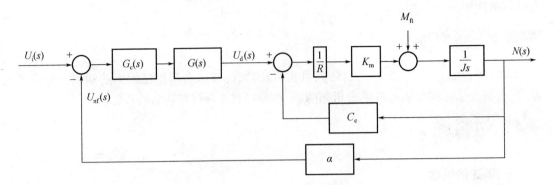

图 4 – 26　直流调速系统的结构框图

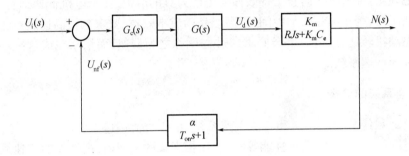

图 4 – 27　直流调速系统的简化结构图

$$J = \frac{T_m K_m C_e}{R} = \frac{0.1 \times 0.5 \times 0.1}{4}$$

$$G_k(s) = G(s) G_C(s) \times \frac{K_m}{RJs + K_m C_e} \times \frac{\alpha}{T_{on}s + 1}$$

$$= 2 \times \frac{10}{0.05s + 1} \times \frac{0.1}{4 \times \dfrac{0.1 \times 0.5 \times 0.1}{4} \times s + 0.1 \times 0.1} \times \frac{0.1}{0.012\,5s + 1}$$

$$= \frac{20}{(0.5s + 1)(0.05s + 1)(0.012\,5s + 1)}$$

2. 闭环传递函数

$$\Phi(s) = \frac{200(0.012\,5s + 1)}{(0.5s + 1)(0.05s + 1)(0.012\,5s + 1) + 20}$$

由此可以看出,开环传递函数由一个比例环节、一个比例微分环节和三个惯性环节串联而成。

3. 开环对数幅频特性曲线绘制所需参数

(1)$20 \lg K = 20 \lg 20 = 26$ dB

(2)交接频率

$$\omega_1 = \frac{1}{0.5} = 2 \text{ rad/s}; \omega_2 = \frac{1}{0.05} = 20 \text{ rad/s}; \omega_3 = \frac{1}{0.0125} = 80 \text{ rad/s}$$

根据交接频率的不同,对数幅频特性曲线的斜率依次下降 -20 dB/dec、-40 dB/dec 和 -60 dB/dec。

4. 对数相频特性曲线绘制所需参数

对数相频特性：$\varphi(\omega) = 0 - \arctan 0.5\omega - \arctan 0.05\omega - \arctan 0.0125\omega$

当 $\omega \to \infty$ 时，$\varphi(\omega) = -270°$；

当 $\omega = 0$ 时，$\varphi(\omega) = 0$；

当 $\omega = 2$ 时，$\varphi(\omega) = -\arctan 0.5 \times 2 - \arctan 0.05 \times 2 - \arctan 0.0125 \times 2 = -47°$；

当 $\omega = 20$ 时，$\varphi(\omega) = -143.3°$；

当 $\omega = 80$ 时，$\varphi(\omega) = -209.3°$。

则系统的开环对数频率特性曲线见图4-28。

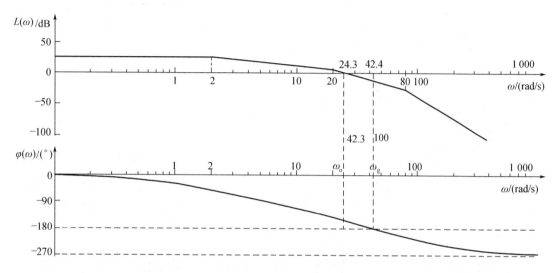

图4-28 开环对数频率特性曲线

（三）稳定性分析

由图4-28上可读出，相位穿越频率 $\omega_g = 42.4$ rad/s，增益穿越频率 $\omega_c = 24.3$ rad/s。

1. 增益裕量 Gm

$$Gm = -20\lg M(\omega_g)$$

$$= -20\lg 20 + 20\lg \sqrt{1 + (0.5\omega_g)^2} + 20\lg \sqrt{1 + (0.05\omega_g)^2} + 20\lg \sqrt{1 + (0.0125\omega_g)^2}$$

$$= -20\lg 20 + 20\lg \sqrt{1 + (0.5 \times 42.4)^2} + 20\lg \sqrt{1 + (0.05 \times 42.4)^2}$$

$$+ 20\lg \sqrt{1 + (0.0125 \times 42.4)^2}$$

$$= 9.1 \text{ dB} > 0$$

2. 相位裕量 γ

$$\gamma = 180° + \varphi(\omega_c) = 180° - \arctan 0.5\omega_c - \arctan 0.05\omega_c - \arctan 0.0125\omega_c$$

$$= 180° - \arctan 0.5 \times 24.3 - \arctan 0.05 \times 24.3 - \arctan 0.0125 \times 24.3$$

$$= 27.3° > 0$$

由此可知 Gm 和 γ 均大于零，系统是稳定的，但稳定裕量不高，其主要原因是系统中存在时间常数为 0.5 s 的惯性环节，由它在增益穿越频率处产生的相角为 $-85.5°$，对系统的稳定性影响较大。

（四）稳态性能分析

由于该系统是直流调速系统，稳态误差是以扰动误差为主，由图4-26看出，在扰动量

M_{ft}的作用点之前,系统的前向通路中积分环节的个数为零,该系统为 0 型系统,则系统对扰动信号而言是有差的系统,稳态误差不为零。

(五)系统的动态性能分析

图 4-26 所示系统为三阶系统,不能用二阶系统的动态指标计算式来计算三阶系统的动态指标,为分析其动态性能,采用 MATLAB 软件绘制单位阶跃响应曲线,从图中可以直接计算或读取三阶系统的动态指标。有关 MATLAB 控制系统分析内容见"项目 6"。单位阶跃响应曲线见图 4-29。

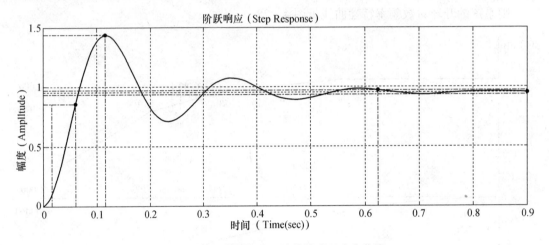

图 4-29 直流调速系统单位阶跃响应曲线

从图 4-29 中可以直接读得最大超调量 $\sigma = 50.8\%$,上升时间为 $t_r = 0.0449 \text{ s}$,调节时间 t_s 为 0.624 s。

从上述指标可看出,系统的超调量较大是由于系统的稳定裕量较低所致,系统过渡的过程进行的不够平稳,从而使调整时间增大,系统的动态性能较差。

 任务小结

随着控制系统计算机辅助设计和分析工具的发展,传统的分析和设计方法已不能满足需要。在本任务中,分析系统的动态性能,如果不借助 MATLAB 软件,获取动态指标就比较困难,谈不上对系统的定量分析。

 项目小结

1. 自动控制系统正常工作的首要条件是系统稳定。通常以系统在扰动作用消失后,其被调量与给定量之间的偏差能否不断减小来衡量系统的稳定性。

2. 系统是否稳定称为系统的绝对稳定性。判断线性定常系统是否稳定的充要条件是系统的微分方程的特征方程所有根的实部是否都是负数。或特征方程所有的根是否均在复平面的左侧。

3. 系统稳定的程度称为系统的相对稳定性,系统的微分方程的特征方程的根(在复平面左侧)离虚轴愈远,则系统的相对稳定性愈好。

4. 稳定判据是间接判断系统是否稳定的准则。常用的稳定判据有:

（1）奈氏（Nyquist）判据：如果系统在开环是稳定的，若其开环幅相频率特性曲线（Nyquist 图）不包围（-1,j0）点，则闭环系统将是稳定的，否则将是不稳定的。

（2）对数频率判据：在 Bode 图上，若 $\varphi(\omega_c) > -180°$ 或 $L(\omega_g) < 0$ dB 则闭环系统便是稳定的。反之，就是不稳定的（它实质上是奈氏判据在 Bode 图上的表示形式）。

5. 稳定裕量是系统相对稳定性的度量。相位裕量 γ 是系统开环增益 $K=1$，$\varphi(\omega_c)$ 离 $-180°$ 的"距离"。$\gamma = \varphi(\omega_c) + 180°$，一般要求 $\gamma > 40°$。

6. 如果在 ω_c 附近，$L(\omega)$ 的斜率为 -20 dB/dec，系统便有较大的稳定裕量。所以在设计自动控制系统时，都是使在 ω_c 附近，$L(\omega)$ 的斜率为 -20 dB/dec。

7. 增大系统开环增益 K，将使 ω_c 的穿越频率增加，系统快速性改善；相位裕量 γ 减小，系统的相对稳定性变差。

8. 改善系统的稳定性，通常有两条途径。一条是调整系统的参数（通常是改变增益），另一条是改变系统的结构（这通常是采用增设不同的校正环节来满足对系统性能的要求）。应用这两种方法时，从 Bode 图上可以很直观地看出它们对系统稳定性改善的程度（这也是 Bode 图的一个很大的优点）。

9. 自动控制系统的稳态误差是希望输出量与实际输出量之差。取决于给定量的稳态误差称为跟随稳态误差 e_{ssr}，取决于扰动量的稳态误差称为扰动稳态误差 e_{ssd}。系统的稳态误差 e_{ss} 为两者之和，即 $e_{ss} = e_{ssr} + e_{ssd}$。

（1）跟随稳态误差 e_{ssr} 与系统的前向通路的积分个数 ν 和开环增益 K 有关。

$$e_{ssr} = \lim_{s \to 0} \frac{s^{(\nu+1)}}{\alpha(K+1)} R(s)$$

ν 越多，K 越大，则系统稳态精度越高。

（2）扰动稳态误差 e_{ssd} 与在前向通路中扰动量作用点之前环节的积分个数 ν_1 和增益 K_1 有关。

$$e_{ssr} = \lim_{s \to 0} \frac{s^{(\nu_1+1)}}{\alpha K_1} D(s)$$

ν_1 越多，K_1 越大，则系统稳态精度越高。

对跟随系统，主要是跟随稳态误差；对恒值控制系统，主要是扰动稳态误差。

10. 系统的型别取决于所含积分环节的个数 ν（$\nu = 0$ 为 0 型系统；$\nu = 1$ 为 Ⅰ 型系统；$\nu = 2$ 为 Ⅱ 型系统）。系统的型别越高，系统的稳态精度越高。

11. 对同一个控制系统，其稳态性能对系统的要求，往往和稳定性是相矛盾的，因此要根据用户的要求，对系统性能指标的要求作某种折中的选择，以兼顾稳态性能和稳定性两方面的要求。

 项目习题

1. 为了使系统具有较好的动态性能指标，对系统中频段有何要求？

2. 判断图 4-30 所示控制系统的稳定性。

3. 设系统开环传递函数如下，试绘制各系统的 Bode 图，求出增益裕量和相位裕量，并判别系统的稳定性。

（1）$G(s) = \dfrac{250}{s(0.03s+1)(0.0047s+1)}$

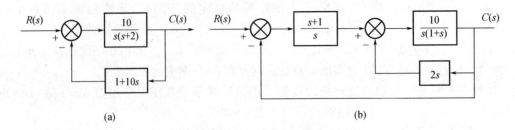

图 4 – 30　习题 2 图

$$(2)G(s) = \frac{250(0.5s + 1)}{s(0.03s + 1)(0.0047s + 1)(10s + 1)}$$

4. 最小相位系统的开环对数幅频特性渐近线曲线如图 4 – 31 所示，ω_c 位于两个交接频率的几何中心，试估算系统的稳态误差、超调量及调整时间。

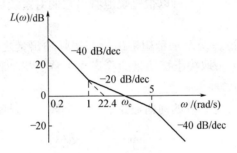

图 4 – 31　习题 4 图

5. 设单位反馈控制系统的开环传递函数 $G(s) = 1/(s + 1)$，试依据频率特性的物理意义，求下列输入信号作用时，系统的稳态输出 $c(\infty)$ 和稳态误差 e_{ss}。

$(1)r(t) = \sin 2t$

$(2)r(t) = \sin(t + 30°) - 2\cos(2t - 45°)$

6. 试求图 4 – 32 所示 RC 超前网络的频率特性，并绘制其幅相频率特性曲线。

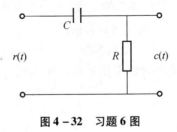

图 4 – 32　习题 6 图

7. 设单位负反馈系统开环传递函数为：

$(1)G(s) = \dfrac{\alpha s + 1}{s^2}$，试确定使相位裕量等于 45°的 α 值。

$(2)G(s) = \dfrac{K}{(0.01s + 1)^3}$，试确定使相位裕量等于 45°的 K 值。

（3）$G(s) = \dfrac{K}{(s+1)(3s+1)(7s+1)}$，试确定使增益裕量等于 20 dB 的 K 值。

8. 设控制系统如图 4 – 33 所示，输入量为单位阶跃信号 $r(t) = 1$，试分别确定当 $K_m = 0.1$ 和 $K_m = 1$ 时，系统的稳态误差 e_{ss}。

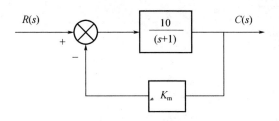

图 4 – 33　习题 8 图

9. 已知某控制系统的开环对数幅频特性如图 4 – 44 所示，试写出该系统的开环传递函数，并求其相位裕量。

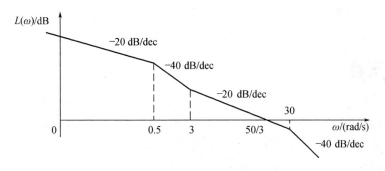

图 4 – 44　习题 9 图

项目 5　改善自动控制系统性能的途径

【知识目标】

 1. 掌握校正装置的结构、用途和特点。

 2. 掌握串联校正的基本方法，理解校正的过程和步骤

 3. 掌握 P、PD、PI 和 PID 校正的作用及特点。

 4. 掌握复合校正的用途、作用及特点。

 5. 了解反馈校正的分类及特点。

【能力目标】

 1. 根据系统现有性能，初步具备选择校正装置结构和确定参数的能力。

 2. 具备采用串联校正改善系统的能力。

  通过对自动控制系统的性能分析，如果发现自动控制系统性能不能满足所要求的性能指标时，可以考虑调整系统中可以调整的参数（如增益、时间常数、黏性阻尼系数等），若通过调整参数仍无法满足要求时，则可以在原有的系统中，有目的地增添一些装置和元件，人为地改变系统的结构和性能，使之满足所要求的性能指标，我们把这种改善系统性能的方法称为"系统校正"。所增添的装置或元件称为校正装置和校正元件。

  根据校正装置在系统中所处位置的不同，一般分为串联校正、反馈校正和复合校正。在串联校正中，根据校正环节对系统开环频率特性相位的影响，又可分为相位超前校正，相位滞后校正和相位滞后－超前校正等。

  在反馈校正中，根据是否经过微分环节，又可分为软反馈和硬反馈。

  在复合校正中，根据补偿采样源的不同，又可分为输入顺馈补偿和扰动顺馈补偿。

  自动控制系统的校正是建立在对控制系统正确的分析基础上，通过分析发现系统存在的问题，进而提出改善系统性能的措施，并实施校正。

模块 1　校正的分类及常用校正装置

【知识目标】

 1. 掌握校正的分类和用途。

 2. 掌握校正装置的结构和特点。

 3. 掌握校正装置的频率特性。

【能力目标】

具备正确选择校正装置的能力。

校正装置一般是一些参数可调的电子部件,它是改善系统性能的硬件保证,根据校正装置是否有独立电源,可分为无源校正装置和有源校正装置。有源校正装置需要独立的电源为其供电,而无源校正装置不需要独立电源供电。

一、校正的方式

(一)串联校正

将校正装置 $G_c(s)$ 与系统固有部分 $G(s)$ 串联,称为串联校正,见图 5 −1(a)。串联校正比较容易实现。校正装置通常串联在系统的前向通道中,从而达到改变系统结构的目的。串联校正装置可采用有源或无源装置来实现。

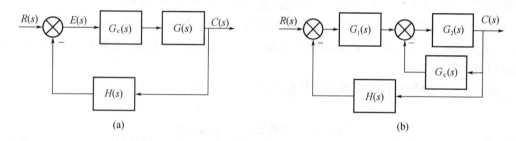

图 5 −1 串联校正与反馈校正

(a)串联校正;(b)反馈校正

(二)反馈校正

将校正装置 $G_c(s)$ 与受控对象做反馈连接,形成局部反馈回路,称为反馈校正,如图 5 −1(b)所示。反馈校正可以改变被反馈包围环节的特性,抑制这些环节的参数波动等非线性因素对系统性能的不利影响。反馈校正装置一般可以采用无源校正网络来实现。

(三)复合校正

复合校正是在反馈控制的基础上,引入输入顺馈补偿或扰动顺馈补偿所构成的“复合控制”方式。校正装置 $G_c(s)$ 将直接或间接测量出输入信号 $R(s)$ 或扰动信号 $D(s)$,经过变换后,作为附加校正信号引入系统,使系统因输入量产生的稳态误差或因扰动量产生的扰动误差对系统的影响得到有效的补偿,从而显著地改善系统的稳态和动态性能,如图 5 −2 所示。

对于一个特定的系统而言,究竟采用何种校正方式,主要取决于该系统中信号的性质,可供采用的元器件、价格以及设计者的经验等。一般情况下,串联校正比较经济,易于实现,特别是由集成电路组成的有源校正装置,即电子调节器能比较灵活地获得各种传递函数,所以应用较为广泛。采用反馈校正时,信号从高能量级向低能量级传递,一般不必再进行放大,可以采用无源网络实现,这也是反馈校正的优点。因此,在一些比较复杂的系统中,往往同时采用串联校正和反馈校正,以便使系统具有更好的性能。

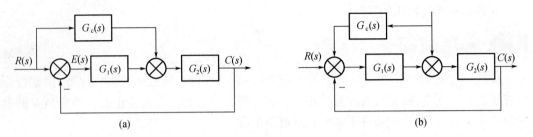

图 5 - 2　复合校正

(a)输入顺馈补偿;(b)扰动顺馈补偿

二、校正装置

（一）无源校正装置

无源校正装置通常是由一些电阻和电容组成的两端口网络。根据它们对系统频率特性相位的影响,又分为相位滞后校正、相位超前校正和相位滞后 - 超前校正。表 5 - 1 为几种典型的无源校正装置及其传递函数和对数频率特性曲线图(Bode 图)。

无源校正装置的特点:无源校正装置线路简单、组合方便、无需外供电源,但本身没有增益,只有衰减,且输入阻抗较低、输出阻抗较高,因此在实际应用时,常常需要增加放大器或隔离放大器。

由表 5 - 1 还可以看出,无源校正装置的增益均为负值。

表 5 - 1　几种典型的无源校正装置

	相位滞后校正装置	相位超前校正装置	相位滞后 - 超前校正装置
RC 络线路	(a)	(b)	(c)
传递函数	$G(s) = \dfrac{U_o(s)}{U_i(s)} = \dfrac{T_1 s + 1}{T_2 s + 1}$ 式中　$T_1 = R_2 C_2$ $T_2 = (R_1 + R_2) C_2$ $T_1 \leqslant T_2$	$G(s) = \dfrac{U_o(s)}{U_i(s)} = \dfrac{K(T_1 s + 1)}{T_2 s + 1}$ 式中　$K = \dfrac{R_2}{R_1 + R_2}$ $T_1 = R_1 C_1$ $T_2 = \dfrac{R_1 R_2}{R_1 + R_2} C_1$ $T_1 \geqslant T_2$	$G(s) = \dfrac{U_o(s)}{U_i(s)}$ $= \dfrac{(T_1 s + 1)(T_2 s + 1)}{(T_1 s + 1)(T_2 s + 1) + R_1 C_2 s}$ $= \dfrac{(T_1 s + 1)(T_2 s + 1)}{(T_1' s + 1)(T_2' s + 1)}$ 式中　$T_1 = R_1 C_1$ $T_2 = R_2 C_2$ $T_1 < T_2$

表 5-1（续）

相位滞后校正装置	相位超前校正装置	相位滞后-超前校正装置
伯德图		

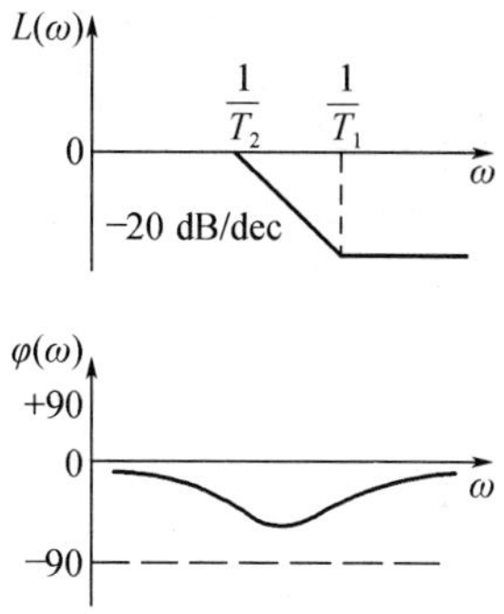

(d)　　　　　　　　　　(e)　　　　　　　　　　(f)

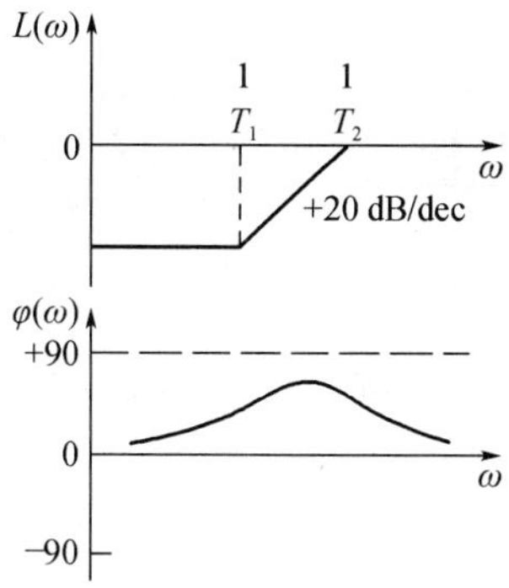

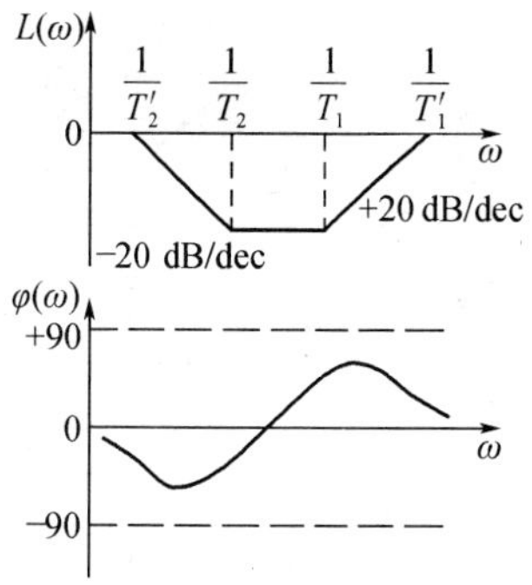

（二）有源校正装置

有源校正装置是由运算放大器组成的调节器。表 5-2 列出了几种典型的有源校正装置及其传递函数和对数幅频特性曲线图（Bode 图）。

有源校正装置的特点：有源校正装置本身有增益，且输入阻抗高，输出阻抗低。只要改变反馈阻抗，就可以改变校正装置的结构，因此参数调整也很方便。所以在自动控制系统中多采用有源校正装置。它的缺点是线路较复杂，需另外供给电源（通常需正、负电压源）。

由表 5-2 看出，有源校正装置的增益全为正值，这是与无源校正装置的又一个区别。

表 5-2　几种典型的有源校正装置

	比例-积分（PI）调节器	比例-微分（PD）调节器
校正装置	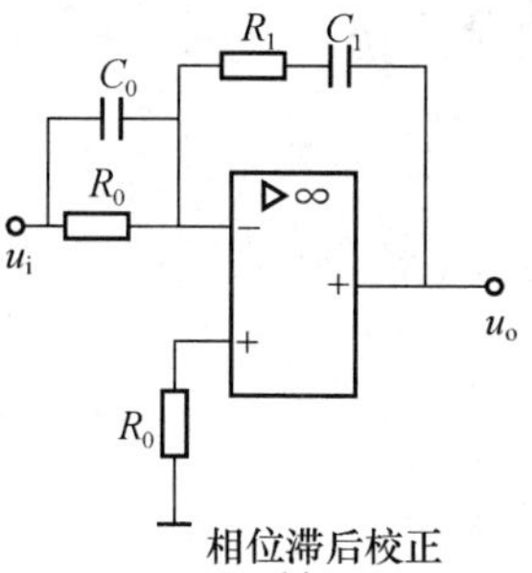 相位滞后校正 (a)	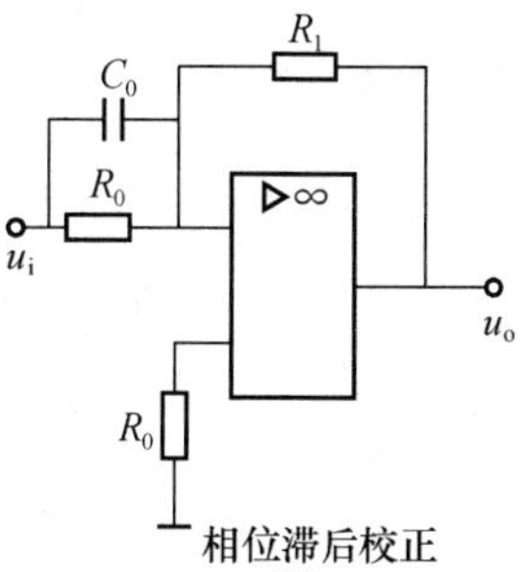 相位滞后校正 (b)
传递函数	$\dfrac{U_o(s)}{U_i(s)} = -\dfrac{K(T_1 s+1)}{T_1 s} = -\left(K + \dfrac{1}{T_2 s}\right)$ $K = \dfrac{R_1}{R_0} \quad T_1 = R_1 C_1 \quad T_2 = R_0 C_1$	$\dfrac{U_o(s)}{U_i(s)} = -K(T_1 s+1) = -(T_2 s + K)$ $T_1 = R_0 C_0 \quad K = \dfrac{R_1}{R_0} \quad T_2 = R_1 C_0$

表 5 - 2 (续)

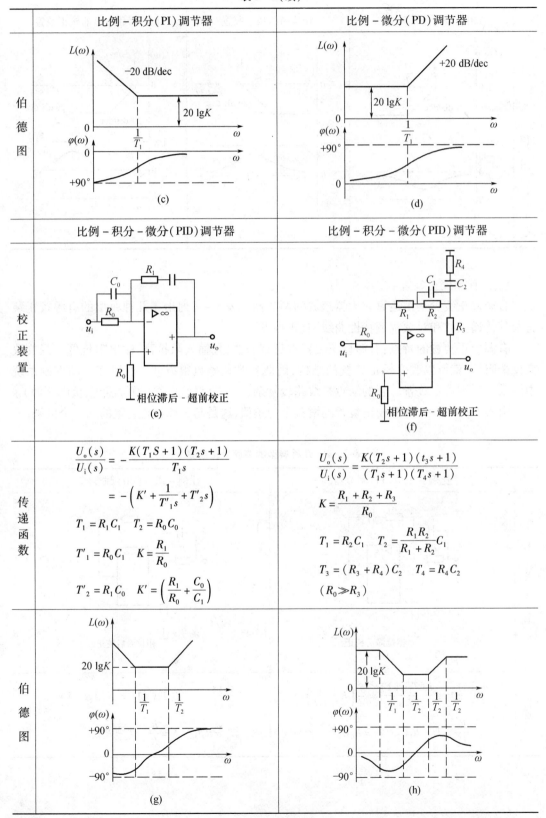

	比例 - 积分(PI)调节器	比例 - 微分(PD)调节器
伯德图	(c)	(d)
	比例 - 积分 - 微分(PID)调节器	比例 - 积分 - 微分(PID)调节器
校正装置	相位滞后 - 超前校正 (e)	相位滞后 - 超前校正 (f)
传递函数	$\dfrac{U_o(s)}{U_i(s)} = -\dfrac{K(T_1 S + 1)(T_2 s + 1)}{T_1 s}$ $= -\left(K' + \dfrac{1}{T'_1 s} + T'_2 s\right)$ $T_1 = R_1 C_1 \quad T_2 = R_0 C_0$ $T'_1 = R_0 C_1 \quad K = \dfrac{R_1}{R_0}$ $T'_2 = R_1 C_0 \quad K' = \left(\dfrac{R_1}{R_0} + \dfrac{C_0}{C_1}\right)$	$\dfrac{U_o(s)}{U_i(s)} = \dfrac{K(T_2 s + 1)(t_3 s + 1)}{(T_1 s + 1)(T_4 s + 1)}$ $K = \dfrac{R_1 + R_2 + R_3}{R_0}$ $T_1 = R_2 C_1 \quad T_2 = \dfrac{R_1 R_2}{R_1 + R_2} C_1$ $T_3 = (R_3 + R_4) C_2 \quad T_4 = R_4 C_2$ $(R_0 \gg R_3)$
伯德图	(g)	(h)

　任务小结

　　校正装置分有源和无源校正两种,各有特点,适用于不同的校正类型。学习校正装置主要掌握校正装置电路的基本结构、传递函数和 *Bode* 图,只有这样才能掌握其特点,才能正确选择校正装置。

模块 2　串联校正

　　采用串联校正的自动控制系统结构框图如图 5 – 3 所示。其中 $G_c(s)$ 为串联校正装置的传递函数。串联校正的装置一般置于系统主回路比较点之后的前向通路中。

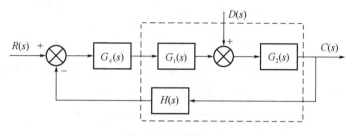

图 5 – 3　串联校正

串联校正的基本步骤为:

一、分析校正前系统的性能

　　(一)分析原有系统的结构,并写出开环传递函数和闭环传递函数。
　　(二)分析系统的稳定性。
　　(三)分析系统的稳态性能。
　　(四)分析系统的动态性能。

二、改善系统的性能

　　(一)通过分析,确定系统那些性能存在缺陷,需要改善。
　　(二)提出改善系统性能的措施。
　　(三)选择校正装置,并通过分析确定系统校正装置的参数。
　　(四)验证措施的效果(分析校正后的系统性能),如效果较为明显,则结束校正,否则要重复校正,直到性能满足要求为止。

任务 1　比例(P)校正

　任务目标

【知识目标】
　　1. 掌握系统校正的基本步骤。

2. 掌握 P 校正的特点及局限性。

【能力目标】

具备使用比例调节器(比例校正装置)对系统性能进行校正的能力。

 任务描述

比例校正也称 P 校正,校正装置的传递函数为 $G_c(s)$,可调参数为 K。现在使用的比例调节器的增益是可变的(使用旋钮或使用软件改变调节器参数)。比例校正是串联校正中最简单的一种改善系统性能的措施,通过改变比例调节器的增益来达到改善系统性能的目的,对系统性能的改善有较大的局限性。

 任务实施

一、任务

某随动控制系统的控制框图见图 5-4。分析系统的性能,采用比例调节器对系统进行串联校正,并分析比例校正对系统性能的影响。

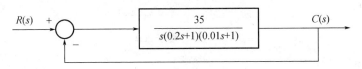

图 5-4   某单位负反馈系统的结构框图

二、任务实施过程

(一)分析原有系统的性能

1. 写出系统的开环传递函数和闭环传递函数

(1)开环传递函数

$$G(s) = \frac{35}{s(0.2s+1)(0.01s+1)} \quad (零极点增益模型)$$

$$= \frac{35}{0.002s^3 + 0.21s^2 + s} \quad (有理多项式模型)$$

由此可知,系统的开环传递函数由一个比例环节、一个积分环节和两个惯性环节组成,为 I 型系统。

(2)闭环传递函数

$$\Phi(s) = \frac{G(s)}{1+G(s)\times 1} = \frac{35}{0.002s^3 + 0.21s^2 + s + 35} \quad (有理多项式模型)$$

由闭环传递函数可知,该系统为三阶系统。

2. 对数频率特性曲线绘制

(1)对数幅频特性曲线绘制所需参数

$$20\lg K = 20\lg 35 = 31 \quad dB$$

交接频率:$\omega_1 = \frac{1}{0.2} = 5 \ \mathrm{rad/s}$,$\omega_2 = \frac{1}{0.01} = 100 \ \mathrm{rad/s}$,则比例环节与积分环节叠加后的曲

线(斜率为 -20 dB/dec)遇到时间常数分别为 0.2 s 和 0.01 s 的惯性环节后,斜率依次减小 -20 dB/dec 和 -40 dB/dec,曲线高频部分的斜率最终为 -60 dB/dec,系统的开环对数幅频特性曲线见图5 - 5。

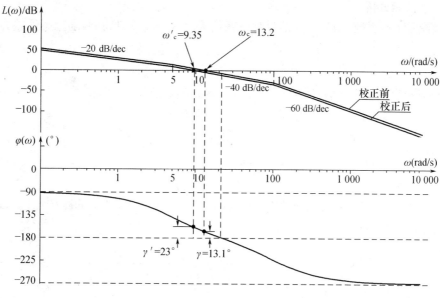

图5 - 5　系统的开环对数频率特性曲线

(2)对数相频特性曲线绘制所需参数

对数相频特性为 $\varphi(\omega) = -90° - \arctan 0.2\omega - \arctan 0.01\omega$

当 $\omega = 0$ 时 $\varphi(0) = -90°$

当 $\omega = 5$ rad/s 时,

$\varphi(5) = -90° - \arctan 0.2 \times 5 - \arctan 0.01 \times 5 = -90° - 45° - 2.86° = -137.86°$

当 $\omega = 100$ rad/s 时,

$\varphi(100) = -90° - \arctan 0.2 \times 100 - \arctan 0.01 \times 100 = -90° - 87.13° - 45° = -222.14°$

当 $\omega \to \infty$ 时,　　$\varphi(\infty) = -270°$

相频特性曲线依然采用叠加的方法作图,曲线见图5 - 5。

3. 稳定性判断

由图5 - 5可见,穿越零分贝线的环节主要有比例、积分和时间常数为 0.2 的惯性的环节,对数幅频特性曲线穿越零分贝线时,其对应的增益穿越频率为

$$L(\omega) = 20\lg K - 20\lg \omega - 20\lg 0.2\omega = 0$$

$$\omega_c = \sqrt{\frac{K}{0.2}} = \sqrt{\frac{35}{0.2}} = 13.2 \text{ rad/s}$$

系统在增益穿越频率处的相角值为:

$$\varphi(\omega_c) = -90° - \arctan 0.2\omega_c - \arctan 0.01\omega_c$$
$$= -90° - \arctan 0.2 \times 13.2 - \arctan 0.01 \times 13.2$$
$$= -90° - 69.3° - 7.52° = -166.82°$$

则相位裕量为

$$\gamma = 180° + \varphi(\omega_c) = 13.1° > 0$$

由图 5 - 5 可看出,相位穿越频率(ω_g)对应的增益 $L(\omega_g)$ 为负值,说明增益裕量(Gm)大于零,这样,增益裕量和相位裕量均大于零,系统是稳定的,但裕量较小,一旦遇到较大的干扰,系统有可能就会不稳定。

4. 稳态性能分析

该系统是 I 型系统,当输入的信号为阶跃信号 $R(s) = 1/s$ 时,其跟随稳态误差为

$$e_{ssr} = \lim_{s \to 0} \frac{s^{(\nu+1)}}{\alpha(K+1)} \times R(s) = \lim_{s \to 0} \frac{s^2}{1 \times 36} \times \frac{1}{s} = 0$$

当输入的信号为单位斜坡信号 $\left[R(s) = \frac{1}{s^2} \right]$ 时,其跟随稳态误差为

$$e_{ssr} = \lim_{s \to 0} \frac{s^{(\nu+1)}}{\alpha(K+1)} \times R(s) = \lim_{s \to 0} \frac{s^2}{1 \times 36} \times \frac{1}{s^2} = \frac{1}{36} = 0.027\ 8$$

由此可知,该系统对单位斜坡信号是有差系统。

5. 动态性能

由图 5 - 6 的单位阶跃响应曲线(校正前的曲线)可以看出,系统的超调量比较大,调节时间较长,说明系统的动态性能比较差。

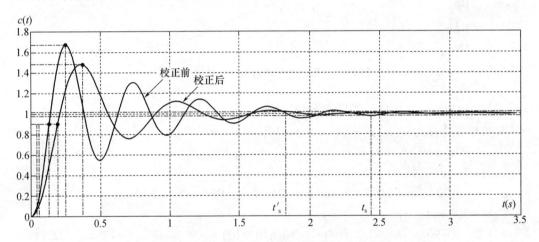

图 5 - 6　校正前和校正后的单位阶跃响应曲线

(二)改善系统的性能

1. 原有系统存在的问题

原有系统是稳定的,但相位裕量只有 13.1°,系统的相对稳定性较差,这是系统存在的主要问题。如果采用比例调节器(比例校正装置)改善系统的性能,需要确定其调节器的参数 K。在经典控制论中,经验的成分比较多,需要选定多个 K 值进行多轮计算才能确定最佳的 K 值。在本任务中取 $G_c(s) = K' = 0.5$ 进行校正,即系统的开环增益减小为原来的一半,则校正后的系统结构见图 5 - 7。

2. 校正后系统的传递函数

(1)开环传递函数

$$G(s) = G_c(s) \times G(s) = 0.5 \times \frac{35}{s(0.2s+1)(0.01s+1)} \quad (\text{零极点增益模型})$$

$$= \frac{17.5}{0.002s^3 + 0.21s^2 + s} \quad (\text{有理多项式模型})$$

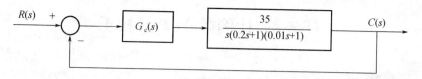

图 5 - 7　校正后的系统结构框图

（2）闭环传递函数

$$\Phi(s) = \frac{G(s)}{1 + G(s) \times 1} = \frac{17.5}{0.002s^3 + 0.21s^2 + s + 17.5}\quad（有理多项式模型）$$

3. 校正后系统的性能验证

（1）稳定性

校正后的系统开环对数频率特性曲线见图 5 - 5，由图可见，系统的对数幅频特性曲线前移，而对数相频特性曲线没有发生变化，则校正后系统的增益穿越频率为

$$\omega'_c = \sqrt{\frac{K'}{0.2}} = \sqrt{\frac{35 \times 0.5}{0.2}} = 9.35\ \text{rad/s}$$

相位裕量为

$$\gamma' = 180° - (-90° - \arctan 0.2\omega'_c - \arctan 0.01\omega'_c)$$
$$= 90° - \arctan 0.2 \times 9.35 - \arctan 0.01 \times 9.35 = 90° - 61.86° - 5.34°$$
$$\approx 23°$$

同时，由图 5 - 5 还可看出，相位穿越频率 ω_g 对应的增益 $L(\omega_g)$ 依然为负值，说明增益裕量为正，而且比原有系统的裕量有所增加。

由此可看出，校正后系统的相对稳定程度有所提高，超调量减小，动态性能有所改善（见图 5 - 6 校正后曲线），但系统裕量增加的幅度不大，系统的稳定性改善不够明显。

（2）稳态性能

当输入的信号为单位斜坡信号 $[R(s) = 1/s^2]$ 时，其跟随稳态误差为

$$e_{ssr} = \lim_{s \to 0}\frac{s^{(\nu+1)}}{\alpha K} \times R(s) = \lim_{s \to 0}\frac{s^2}{1 \times 35 \times 0.5} \times \frac{1}{s^2} = \frac{1}{17.5} = 0.057$$

校正后的系统的稳态误差比原有系统增大一倍，说明减小系统的开环增益，系统的稳态性能变差。由此可看出，比例调节器对系统性能改善的局限性较大。

（3）动态性能

由图 5 - 6 可看出，相位稳定裕量由 13.1° 增加到 23.2°，超调量由 67.2% 下降到 48.6%，调节时间由 2.44 s 下降到 1.83 s，动态性能得到了一定改善。

 任 务 小 结

综上所述：降低系统的开环增益，将使系统的稳定性改善，但系统的稳态性能变差，增大开环增益，其效果与上述结论相反。

调节系统的增益，在系统的稳定性和稳态性能之间作某种折中的选择，以满足（或兼顾）实际系统的要求，是最常用的调整系统性能的方法。

任务 2 比例微分(PD)校正

【知识目标】

1. 掌握比例微分校正装置的特点及用途。

2. 理解相位超前校正的含义。

3. 掌握比例微分(PD)校正的特点。

【能力目标】

初步具备正确选择 PD 校正装置和确定参数,并对系统进行校正的能力。

比例调节器在改善系统稳定性的同时,会使系统的稳态性能下降,对系统性能的改善有较大的局限性,而比例微分调节器在对系统稳定性改善的同时,只要设计好校正装置的参数,不仅可以改善系统的稳定性,而且还会改善系统的动态性能。比例微分校正对系统的稳态性能没有明显的影响,但对系统的抗干扰性能有影响,因此,比例微分调节器经常用来改善系统的稳定性和动态性能。

一、任务

随动系统的结构图框图见图 4 – 11,分析系统的性能,提出改善系统性能的措施,并校正系统。

二、任务实施过程

(一)分析原有系统的性能

原有系统的性能过程分析同本项目"模块 2→任务 1"。

(二)系统存在的主要问题及采取的改善措施

1. 系统存在的主要问题

原有系统是稳定的,是有静差的系统,相位裕量只有 13.1°,系统的相对稳定性较差,这是系统存在的主要问题。采用比例调节器能改善系统的相对稳定性,但改善的幅度不够明显,而且会导致系统的稳态性能下降。由表 5 – 1 和表 5 – 2 可看出,比例微分环节能提供正的相角值(相频特性的值全为正值,相位"超前"),如果在该系统的前向通路中串联比例微分调节器提供正的相位,可以部分抵消积分环节或大惯性环节产生的相位滞后(相位为负值),有利于系统稳定。现将比例微分调节器串联至系统的前向通路中,见图 5 – 8。

2. 确定比例微分调节器的结构和参数

引起系统不稳定的主要原因是系统中有积分环节和时间常数为 0.2 s 的大惯性环节(在增益穿越频率处产生的相角值为 – 69.3°),可以采取措施消除它们产生的影响,由于积

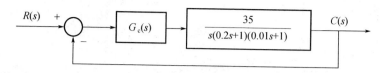

图5-8 校正后的系统结构图

分环节是用以改善系统稳态性能的,因此只能消除惯性环节的影响,选择有源的比例调节器进行校正,其传递函数为

$$G_c(s) = K_c(\tau s + 1)$$

令 $\tau = 0.2s$,这样传递函数为 $\tau s + 1$ 的比例微分环节可抵消惯性环节 $\dfrac{1}{0.2s+1}$ 对稳定性的影响,为了不影响稳态性能,取 $K_c = 1$,这样,比例调节器的传递函数为

$$G_c(s) = 0.2s + 1$$

校正后系统的开环传递函数 $G'(s)$ 和闭环传递函数 $\Phi'(s)$ 为

$$G'(s) = G_c(s) \times G(s) = \frac{35}{s(0.2s+1)(0.01s+1)} \times (0.2s+1)$$

$$\Phi'(s) = \frac{G'(s)}{1+G'(s)} = \frac{35}{0.01s^2+s+35}$$

$$= \frac{35}{s(0.01s+1)} \quad (\text{零极点增益模型})$$

$$= \frac{35}{0.01s^2+s} \quad (\text{有理多项式模型})$$

由闭环传递函数看出,校正后的系统阶次,由校正前的三阶降为二阶。

(三)校正后系统性能的验证

选用的比例微分调节器能否改善系统的稳定性,还需要验证,如果比例调节器现有结构和参数能满足要求,则校正停止,否则要调整调节器参数。

1. 稳定性

加入比例调节器后,系统由三阶系统变为二阶系统,其 Bode 图见图5-9。

由图5-9可看出,穿越横轴的环节为比例和积分环节,则增益穿越频率为

$$20\lg M(\omega_c') = 0$$

$$20\lg K - 20\lg \omega_c' = 0$$

$$\omega_c' = K = 35 \text{ rad/s}$$

相位裕量

$$\gamma = 180° + \varphi(\omega_c') = 180° - 90° - \arctan 0.01\omega_c' = 180° - 90° - 19.3° = 70.7°$$

由图5-9还可看出,系统在相位穿越频率处的增益小于零,则增益裕量大于零,且裕量很大,相位裕量也大于零,裕量较大,由此可知系统是稳定的,相位裕量和增益裕量改善幅度较大,系统的稳定程度明显提高。

2. 稳态性能

系统的稳态性能取决于系统开环频率特性的低频部分,而低频部分的积分环节的个数(型别)和开环增益没有发生变化,系统的稳态性能没有发生变化。

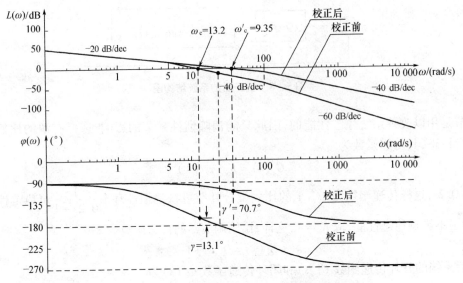

图 5-9　系统校正前和校正后的开环对数频率特性曲线

3. 动态性能

将系统的闭环传递函数化为标准形式,根据二阶系统动态指标计算公式计算动态指标。

$$\Phi'(s) = \frac{G'(s)}{1+G'(s)} = \frac{35}{0.01s^2 + s + 35} = \frac{3\,500}{s^2 + 100s + 3\,500}$$

由 $2\xi\omega_n = 100$ 和 $\omega_n^2 = 3\,500$ 可求得阻尼比 $\xi = 0.845$,自然振荡频率 $\omega_n = 59.16 \text{ rad/s}$,则超调量和调节时间分别为

最大超量:$\sigma\% = e^{-\frac{\xi\pi}{\sqrt{1-\xi^2}}} \times 100\% = 6.91\%$

调节时间:$t_s \approx \frac{3}{\xi\omega_n} = \frac{3}{0.845 \times 59.16} = 0.06 \text{ s}$　(误差带取 0.05)

校正前系统的增益穿越频率 $\omega_c = 13.2 \text{ rad/s}$,校正后的增益穿越频率 $\omega'_c = 35 \text{ rad/s}$,校正后的相位裕量由 13.1° 增大至 70.7°,超调量由原来的 67.2% 降至 6.91%,系统的稳定性明显提高。校正后调节时间由原来的 2.44 s 缩短为 0.06 s,见图 5-10(a)、见图 5-10 (b),快速性明显提高。系统的稳定性和动态性能改善幅度明显。

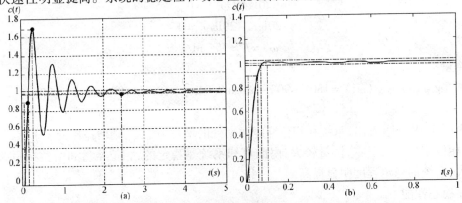

图 5-10　系统的单位阶跃响应曲线(误差带 0.02)

(a)校正前;(b)校正后

4. 系统的高频抗干扰性能

由图5－9可看出,校正后系统的幅频特性曲线的斜率在在第一个交接频率 ω_1(5 rad/s)以后,一直维持在 -40 dB/dec,而原有系统高频部分的斜率为 -60 dB/dec,说明比例微分调节器固有特性会使系统的高频抗干扰性能下降,这是比例微分校正的缺点。

综上所述,采用比例调节器校正后,系统的稳定性和动态性能得到大幅提高,因此,PD校正是改善系统稳定性有效的措施之一。

任务小结

比例微分校正将使系统的稳定性和快速性改善,对系统的稳态性能影响不明显,但抗高频干扰能力明显下降。由于PD校正使系统的相位前移,所以又称它为相位超前校正。

任务3　比例积分(PI)校正

任务目标

【知识目标】

1. 掌握比例积分校正装置的特点和用途。
2. 理解相位滞后校正的含义。
3. 掌握比例积分校正的特点。

【能力目标】

基本具备正确选择PI校正装置和确定参数并对系统进行校正的能力。

任务描述

系统的稳态性能反映了系统控制的准确程度,有些控制系统对稳态精度的要求较高。如果增大比例调节器的增益,虽然稳态性能得到一定程度的改善,但稳定性变差。这就需要折中选择比例校正装置的参数,折中的结果是两者的性能均得到一定程度的改善,但改善的幅度都不够明显,对有些系统还达不到要求,在这种情况下,需要寻找别的途径来改善系统的稳态性能,而比例积分调节器(PI)是能够明显改善稳态性能的校正装置,它能提高系统的型别,但同时会使系统的稳定性下降,可以说比例积分校正是一种"牺牲稳定性来改善稳态性能"的校正方法。

任务实施

一、任务

某直流调速系统的结构框图见图5－11,在分析系统性能的基础上,改善系统的性能。框图中,$T_1 = 0.33$ s,$T_2 = 0.036$ s,$K_1 = 3.2$。

二、任务实施过程

直流调速系统的稳态误差主要以扰动稳态误差为主,故假设输入信号 $r(t) = 0$。

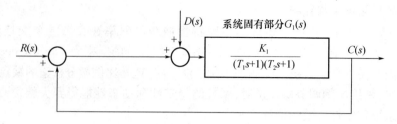

图 5 – 11   直流调速系统的结构图

（一）原有系统的性能分析

1. 系统的开环传递函数和闭环传递函数

$$G(s) = \frac{K_1}{(T_1 s + 1)(T_2 s + 1)} = \frac{3.2}{(0.33s + 1)(0.036s + 1)} \quad （零极点增益模型）$$

$$= \frac{3.2}{0.011\,88 s^2 + 0.366 s + 1} \quad （有理多项式模型）$$

$$\Phi(s) = \frac{G(s)}{1 + G(s)} = \frac{3.2}{(0.33s + 1)(0.366s + 1) + 4.2} = \frac{3.2}{0.011\,88 s^2 + 0.366 s + 4.2}$$

2. 绘制对数频率特性曲线

（1）对数幅频特性曲线图绘制所需参数

$20 \lg K = 20 \lg 3.2 = 10$ dB，系统为 0 型系统，其交接频率为

$$\omega_1 = \frac{1}{T_1} = \frac{1}{0.33} = 3.03 \text{ rad/s}, \omega_2 = \frac{1}{T_2} = \frac{1}{0.036} = 27.8 \text{ rad/s}。$$

根据交接频率，对数幅频特性曲线的斜率依次减小为 -20 dB/dec、-40 dB/dec。

（2）对数相频特性曲线绘制所需参数

对数相频特性为

$$\varphi(\omega) = -artan 0.33\omega - arctan 0.036\omega$$

当 $\omega = 0$ 时，$\varphi(0) = 0$；

当 $\omega = 3.03$ 时，$\varphi(3.03) = -artan 0.33 \times 3.03 - arctan 0.036 \times 3.03 = -51.2°$；

当 $\omega = 27.8$ 时，$\varphi(27.8) = -artan 0.33 \times 27.8 - arctan 0.036 \times 27.8 = -128.8°$；

当 $\omega \to \infty$ 时，$\varphi(\infty) = -180°$；

则校正前系统的开环对数频率特性曲线见图 5 – 12。

3. 稳定性分析

由图 5 – 12 可知，对数幅频特性曲线穿越零分贝线（横轴 ω）的环节是比例和时间常数为 0.5 s 的惯性环节，两环节的增益之和为零，增益穿越频率 ω_c 为

$$20 \lg K - 20 \lg 0.33\omega = 0$$

$$\omega_c = \frac{K}{T_1} = \frac{3.2}{0.33} = 9.7 \text{ rad/s}$$

则相位裕量为

$$\gamma = 180° - \arctan 0.33\omega_c - \arctan 0.036\omega_c = 180° - 72.7° - 19.25° = 88.05°$$

由图 5 – 12 看出，该二阶系统的增益正无穷大，而相位裕量也很大，由此可知系统有足够的稳定裕量。

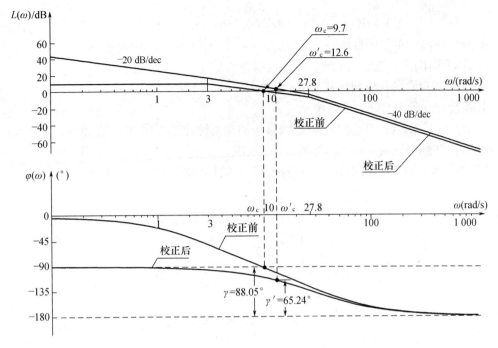

图 5 – 12　系统的开环对数频率特性曲线

4. 稳态性能分析

该系统是 0 型系统,对单位阶跃信号的稳态误差为

$$e_{ssr} = \lim_{s \to 0} \frac{s^{(v+1)}}{\alpha K} R(s) = \lim_{s \to 0} \frac{s}{1 \times 3.2} \times \frac{1}{s} = \frac{1}{3.2}$$

该系统是有静差的系统,对单位斜坡信号的稳态误差为无穷大,系统无法跟随单位斜坡信号。

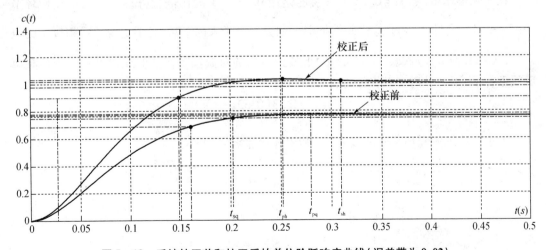

图 5 – 13　系统校正前和校正后的单位阶跃响应曲线(误差带为 0.02)

5. 动态性能

将系统的闭环传递函数化为标准形式,则可以绘制该系统的单位阶跃响应曲线。

$$\Phi(s) = \frac{G(s)}{1+G(s)} = \frac{3.2}{0.01188s^2 + 0.366s + 4.2} = \frac{269.4}{s^2 + 30.3s + 353.5}$$

系统校正前的单位阶跃响应曲线见图 5-13。由图可看出,校正前系统的超调量为 1.39%,调节时间为 0.202 s,系统的动态性能正常。

(二)系统存在的主要问题及采取的改善措施

1. 系统存在的主要问题及措施

原有系统是稳定的,且稳定裕量较大,系统的动态性能正常,但系统有静差。为改善直流调速系统的调速精度,应将系统的型别从 0 型变成 I 型,即给系统的前向通路增加一个积分环节,从而达到改善稳态性能的目的。具有积分环节的校正装置所在位置见图 5-14。

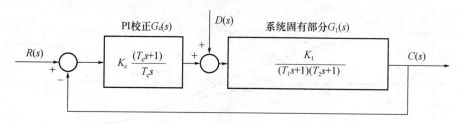

图 5-14 校正后的系统结构框图

2. 确定比例积分调节器的结构和参数

系统对阶跃信号有稳态误差的原因是系统的型别太低,这就需要给系统增加积分环节。系统引入积分环节后,会使系统的稳定性大幅下降,为防止这一现象出现,必须要引入比例微分环节来部分抵消积分环节带来的影响,这样,校正装置(比例积分调节器)的传递函数为

$$G_c(s) = \frac{K_c(T_c s + 1)}{Ts}$$

在实际操作中,令 $T_c = 0.33$ s,其目的是用 $0.33s+1$ 的比例微分环节来抵消惯性环节 $\frac{1}{0.33s+1}$ 对稳定性的影响,这样间接抵消了积分环节带来的影响,为了直观地看到校正的效果,取 $K_c = 1.3$(K_c 应该取 1 比较合适,但校正前后的对数幅频特性曲线在第一个交接频率后就重合了,不易看到校正前后的曲线,因此取 1.3)。比例积分调节器的传递函数为

$$G_c(s) = \frac{1.33(0.33s + 1)}{0.33s}$$

校正后系统的开环传递函数 $G'(s)$ 和闭环传递函数 $\Phi'(s)$ 为

$$G'(s) = G_c(s) \times G_1(s) = \frac{3.2 \times 1.3(0.33s + 1)}{0.33 \times s(0.33s + 1)(0.036s + 1)}$$

$$= \frac{12.6}{s(0.036s + 1)} \quad (\text{零极点增益模型})$$

$$= \frac{12.6}{0.036s^2 + s} \quad (\text{有理多项式模型})$$

$$\Phi'(s) = \frac{G'(s)}{1 + G'(s)} = \frac{12.6}{0.036s^2 + s + 12.6} = \frac{350.1}{s^2 + 27.8s + 350.1}$$

（三）校正后系统性能的验证

采用比例积分校正能否改善系统的稳态性能,对系统的其他性能有没有影响,还需要要检验。

1. 稳定性

Bode 图的绘制同上,见图 5 - 12。

加入比例积分调节器后,由图 5 - 12 可看出,穿越横轴的环节为比例和积分环节,则增益穿越频率为

$$20\lg M(\omega'_c) = 0$$
$$20\lg K - 20\lg\omega'_c = 0$$
$$\omega'_c = K = 12.6 \text{ rad/s}$$

相位裕量

$$\gamma = 180° + \varphi(\omega'_c) = 180° - 90° - \arctan 0.0366\omega'_c$$
$$= 180° - 90° - 24.75° = 65.24°$$

由图 5 - 12 还可看出,校正后的系统增益裕量 Gm 依然趋于正无穷大(因为相位穿越频率 ω_g 趋于无穷大),而相位裕量为 65.24°,大于零,由此可知系统是稳定的,但校正后的系统的相位裕量与校正前的系统相位裕量(88.05°)相比,相位裕量减小了 22.81°,系统的稳定性有所下降,相位裕量的减小对系统的稳定性影响不大。

2. 稳态性能

校正后的系统型别变为 I 型,扰动作用点前有一个积分环节,可以有效抑制扰动产生的稳态误差。则扰动稳态误差为

$$e_{ssd} = \lim_{s \to 0} \frac{s^{(\nu1+1)}}{\alpha K_1} D(s) = \lim_{s \to 0} \frac{s^2}{1.3} \times \frac{1}{s} = 0$$

校正后,系统对单位阶跃信号的扰动稳态误差变为零,系统控制的准确度提高。从这个例子可看出,系统稳态性能的提高是以稳定的下降为代价的,两者是矛盾的。

3. 动态性能

将闭环传递函数化为标准形式,利用二阶系统动态指标计算公式计算动态指标。

由 $2\xi\omega_n = 27.8$,$\omega_n^2 = 350.1$,可求得阻尼比 $\xi = 0.74$,自然振荡频率 $\omega_n = 18.7$ rad/s,则可求得超调量和调节时间。

最大超量:$\sigma\% = e^{-\frac{\xi\pi}{\sqrt{1-\xi^2}}} \times 100\% = 3.06\%$

调节时间:$t_s \approx \frac{3}{\xi\omega_n} = \frac{3}{0.74 \times 18.7} = 0.21$ s　（误差带取 0.05）

系统校正前后的调节时间变化比较微小,超调量由 1.39% 增大到 3.06%,这是由于系统的稳定性下降导致的,比例积分调节器对系统的动态性能影响不明显。

4. 高频抗干扰性能

由图 5 - 12 可看出,校正前后系统的高频抗干扰性能没有变化。说明比例积分调节器对抗干扰性能没有明显的影响。

 任务小结

采用比例积分(PI)校正会使系统的稳态性能得到明显的改善,但也使系统的稳定性变差。由于校正使系统的相位 $\varphi(\omega)$ 后移,所以又称为相位滞后校正。增设 PI 校正装置后会

引起系统以下性能的改变:

(1)在低频段,系统的稳态误差将显著减小,从而改善了系统的稳态性能。

(2)在中频段,相位稳定裕量减小,系统的超调量将增加,降低了系统的稳定性。

(3)在高频段,校正前后的高频抗干扰性能变化不大。

任务4 比例积分微分(PID)校正

【知识目标】

1.掌握比例积分微分校正装置的特点和用途。

2.理解相位滞后 - 超前校正(PID)的含义和用途。

3.掌握比例积分微分(PID)校正的特点。

【能力目标】

初步具备选择 PID 校正装置和确定装置参数,及校正系统的能力。

在工业过程控制中,有时根据生产的要求,要同时改善或改变多项性能,比例(P)、比例微分(PD)、比例积分(PI)等校正就不能达到要求。PID 校正是能比较全面改善系统性能的方法和途径,比较实用,在工业控制中应用较为广泛。

一、任务

某随动系统的结构框图见图 5 - 15,化简的框图见图 5 - 16。分析该系统的性能,并较为全面地改善系统的性能。

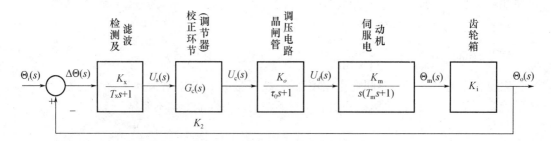

图 5 - 15 随动系统的结构框图

图 5 - 15 中各环节的参数:T_m 为伺服电动机的机电时间常数,取 $T_m = 0.2$ s;T_x 为检测滤波时间常数,取 $T_x = 0.01$ s;τ_0 为晶闸管延迟时间或触发电路滤波时间常数,设 $\tau_0 = 0.005$ s;K_l 为系统的总增益,取 $K_l = 35$。

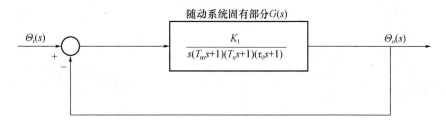

随动系统固有部分 $G(s)$

$$\frac{K_1}{s(T_{\mathrm{m}}s+1)(T_{\mathrm{x}}s+1)(\tau_0 s+1)}$$

$\Theta_{\mathrm{i}}(s)$ ＋ － $\Theta_{\mathrm{o}}(s)$

图 5 - 16　化简后的随动系统结构框图

二、任务实施过程

（一）校正前系统的性能分析

1. 系统的开环传递函数和闭环传递函数

$$G(s) = \frac{K_1}{s(T_{\mathrm{m}}s+1)(T_{\mathrm{x}}s+1)(\tau_0 s+1)} = \frac{35}{s(0.2s+1)(0.01s+1)(0.005s+1)}$$

$$= \frac{35}{0.00001s^4 + 0.00305s^3 + 0.215s^2 + s}$$

$$\Phi(s) = \frac{G(s)}{1+G(s)} = \frac{35}{s(0.2s+1)(0.01s+1)(0.005s+1)+35}$$

$$= \frac{35}{0.00001s^4 + 0.00305s^3 + 0.215s^2 + s + 35}$$

2. 绘制系统的开环对数频率特性曲线（bode 图）

（1）对数幅频特性曲线绘制所需数据

$$20\lg K = 20\lg 35 = 31 \text{ dB}$$

该系统是 I 型系统，过（1,31）点的直线斜率为 -20 dB/dec（$-20 \times \nu = -20$）。交接频率为

$$\omega_1 = \frac{1}{T_{\mathrm{m}}} = \frac{1}{0.2} = 5 \text{ rad/s}, \omega_2 = \frac{1}{T_{\mathrm{x}}} = \frac{1}{0.01} = 1/0.01 = 100 \text{ rad/s}, \omega_3 = \frac{1}{\tau_0} = \frac{1}{0.005} = 200 \text{ rad/s}。$$

则比例环节和积分环节叠加后的直线经过这些交接频率时，斜率依次减小为 -20 dB/dec，-40 dB/dec，-60 dB/dec。

（2）对数相频特性曲线绘制所需的基本数据

相频特性的表达式为

$$\varphi(\omega) = -90° - \arctan 0.2\omega - \arctan 0.01\omega - \arctan 0.005\omega$$

当 $\omega = 0$ 时，$\varphi(0) = -90°$；

当 $\omega = 5$ 时，$\varphi(5) = -90° - \arctan 0.2 \times 5 - \arctan 0.01 \times 5 - \arctan 0.005 \times 5 = -139.3°$；

当 $\omega = 100$ 时，$\varphi(100) = -90° - \arctan 0.2 \times 100 - \arctan 0.01 \times 100 - \arctan 0.005 \times 100 = -248.7°$；

当 $\omega = 200$ 时，$\varphi(200) = -90° - \arctan 0.2 \times 200 - \arctan 0.01 \times 200 - \arctan 0.005 \times 200 = -287.0°$；

当 $\omega \to \infty$ 时，$\varphi(\infty) = -360°$。

由此可知系统的 bode 图是在 $-90° \sim -360°$ 之间变化，绘制的 bode 图如图 5 - 17。

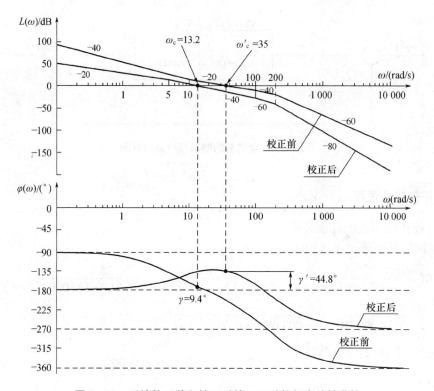

图 5 – 17 系统校正前和校正后的开环对数频率特性曲线

3. 稳定性分析

由图 5 – 17 可看出,对数幅频特性曲线穿越横轴的环节主要有比例、积分和时间常数为 0.2 s 的惯性环节,三者的增益之和等于零,则增益穿越频率 ω_c 为

$$20\lg K_1 - 20\lg\omega - 20\lg 0.2\omega = 0$$

$$\omega_c = \sqrt{\frac{K_1}{0.2}} = \sqrt{\frac{35}{0.2}} = 13.2 \text{ rad/s}$$

相位裕量为

$$\gamma = 180° + \varphi(\omega_c) = 180° - 90° - \arctan 0.2\omega_c - \arctan 0.01\omega_c - \arctan 0.005\omega_c$$

$$= 90° - \arctan 0.2 \times 13.2 - \arctan 0.01 \times 13.2 - \arctan 0.005 \times 13.2 = 9.4°$$

由图 5 – 17 可知,在相位穿越频率 ω_g 处对应的增益 $L(\omega_g)$ 为负值,则增益裕量为大于零,但裕量较小。

由相位裕量和增益裕量的数值可知,系统是稳定的,但稳定裕量较小。

4. 稳态性能分析

该系统是 I 型系统,对单位阶跃信号的响应没有稳态误差,但对单位斜坡信号是有稳态误差的(有静差的),对随动系统,跟随稳态误差为

$$e_{ssr} = \lim_{s \to 0}\frac{s^{(\nu+1)}}{\alpha K}R(s) = \lim_{s \to 0}\frac{s^2}{1 \times 35} \times \frac{1}{s^2} = \frac{1}{35} = 0.028\ 5$$

5. 动态性能分析

系统的单位阶跃响应曲线见图 5 – 18,由图看出,校正前系统的超调量较大,调节时间较长,系统的动态性能比较差。

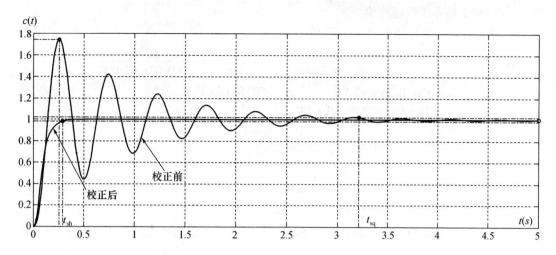

图 5 – 18　校正前和校正后系统的单位价跃响应曲线

（二）系统存在的问题及改善措施

校正前的系统相对稳定程度低，系统对单位斜坡信号的响应是有静差的，动态性能也比较差。如果采用 P、PI 或 PD 校正，则不能兼顾系统性能的全面改进，必须采用 PID 校正，现选择有源的 PID 调节器。

确定 PID 校正装置传递函数结构的思路为：为了消除输入单位斜坡信号产生的稳态误差，必须使系统的型别由 I 型变成 II 型，装置中必须要有一个积分环节。为了改善系统的稳定性，必须要增加两个比例微分环节，一个用于部分消除装置中增加的积分环节对稳定性明显下降的影响；另一个环节用于消除原有系统中大惯性环节（时间常数为 0. 2 s 的惯性环节）对稳定性的影响。这样校正装置的传递函数的形式为

$$G_c(s) = \frac{K_c(T_1 s + 1)(T_2 s + 1)}{T_1 s}$$

按照上述思路，传递函数中的参数可取为 $T_1 = T_m = 0. 2$ s；$T_2 = 10 \times 0. 01$ s $= 0. 1$ s，$K_c = 2$。K_c 取值应接近于 1，但为了提高随动系统的动态性能，牺牲了系统的一些稳定裕量。这样校正装置的传递函数确定为

$$G_c(s) = \frac{K_c(T_1 s + 1)(T_2 s + 1)}{T_1 s} = \frac{2(0. 2s + 1)(0. 1s + 1)}{0. 2s}$$

校正后的系统结构框图见图 5 – 19。

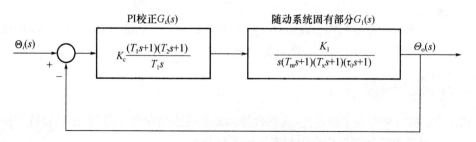

图 5 – 19　校正后的系统结构图

（三）校正后系统性能检验

1. 校正后的系统传递函数

$$G'(s) = G_c(s)G(s) = \frac{2(0.1s+1)(0.2s+1)}{0.2s} \times \frac{35}{s(0.2s+1)(0.01s+1)(0.005s+1)}$$

$$= \frac{350(0.1s+1)}{s^2(0.01s+1)(0.005s+1)} = \frac{350(0.1s+1)}{0.00005s^4 + 0.015s^3 + s^2}$$

$$\Phi'(s) = \frac{G'(s)}{1+G'(s)} = \frac{350(0.1s+1)}{s^2(0.01s+1)(0.005s+1) + 350(0.1s+1)}$$

$$= \frac{350(0.1s+1)}{0.00005s^4 + 0.015s^3 + s^2 + 35s + 350}$$

2. 开环对数频率特性曲线绘制

校正后的开环对数频率特性曲线绘制方法和过程同校正前系统的曲线的绘制，其 bode 图见图 5-17。

3. 稳定性分析

由图 5-17 看出，校正后的系统对数幅频特性曲线穿越零分贝线（横轴）的环节有比例、两个积分和时间常数为 0.1 s 的比例微分环节，四个环节的增益之和为零，其增益穿越频率为

$$20\lg K - 20\lg\omega - 20\lg\omega + 20\lg0.1\omega = 0 \Rightarrow \omega_c = 0.1K = 350 \times 0.1 = 35 \ \text{rad/s}$$

则相位裕量为

$$\gamma = 180° + \varphi(\omega_c) = 180° - 180° + \arctan0.1\omega_c - \arctan0.01\omega_c - \arctan0.005\omega_c$$

$$= \arctan0.1 \times 35 - \arctan0.01 \times 35 - \arctan0.005 \times 35$$

$$= 74.05° - 19.3° - 9.9° = 44.8°$$

从图 5-17 可知，在相位穿越频率处对应的增益为负值，从图上可读出该增益为 -17.1 dB。校正后系统的稳定性明显提高，相位裕量由原来的 9.4°增加到 44.8°，增益裕量由 5.94 dB 增加到 17.1 dB。

4. 稳态性能

校正后，系统的型别由原来的 I 型变为 II 型，对单位阶跃信号和单位斜坡信号的稳态误差均为零，系统变为无静差系统，控制的准确度提高。

5. 动态性能

由图 5-18 可看出，校正后系统的超调量由原来的 74.4% 降至 0，调节时间由原来的 3.21 s 降至 0.29 s，系统的动态性能得到明显改善，其主要原因是系统的稳定性得到大幅改善。

6. 高频抗干扰能力

校正后的系统在穿越频率 200 rad/s 之后，对数幅频特性曲线的斜率为 -60 dB/dec，而原有系统的斜率为 -80 db/dec，说明系统的高频抗干扰能力下降。

 任务小结

PID 校正较好地兼顾了稳定性、稳态性能和动态性能的改善，而且会使高频抗干扰能力有所下降。增设 PID 调节器后会引起系统以下性能的改变：

（1）在低频段，改善了系统的稳态性能。使对输入单位斜坡信号由有静差变为无静差。

（2）在中频段由于 PID 调节器微分部分的作用，（进行相位超前校正），使系统的相位裕

量增加,这意味着超调量减小,振荡次数减少,从而改善了系统的动态性能(相对稳定性和快速性均有改善)。

(3)在高频段,会降低系统的抗高频干扰的能力。

系统校正的实践说明了任何校正方法都是相对的,在改善了系统的某一项或几项性能的同时,会导致系统其他性能变差,两者之间始终存在矛盾,只能折中选择,几方面都要兼顾。

通过系统的性能分析,还可以看出,稳定性与稳态性能之间、动态性能和稳态性能之间、稳定性和高频抗干扰能力之间存在矛盾。如改善了稳定性,意味着系统的稳态性能变差。稳定性越好,则快速性越差。在工程实践上,不能一味追求高精度、高性能,以指标和性能够用为主,否则只会使成本大幅提升,并且可靠性又得不到保障。

模块 3　顺 馈 补 偿

【知识目标】

1. 理解复合校正、输入顺馈补偿和扰动顺馈补偿的含义和作用。
2. 掌握顺馈补偿、扰动顺馈补偿的全补偿条件。
3. 理解欠补偿和过补偿的含义。

【能力目标】

具备定性分析复合控制系统性能的能力。

稳态性能表征的是系统控制的准确程度。从稳态误差的定义可知,稳态误差与系统的结构、参数、作用量(输入量和扰动量)的大小、变化规律和作用点有关。对于稳态精度要求很高的系统,通过串联校正装置来提高系统的开环增益或提高系统的型别来消除稳态误差,会导致系统稳定性变差,甚至使系统不稳定。为解决这一矛盾,可采用复合校正的方法,复合校正就是把顺馈补偿和反馈控制有机结合起来的校正方法。顺馈补偿可通过误差补偿装置来消除系统作用量产生的稳态误差,顺馈补偿可分为输入顺馈补偿和扰动输入顺馈补偿,该方法也广泛用在控制工程中,不仅能补偿闭环控制系统输入量和扰动量产生的误差,也能补偿开环控制系统输入量和扰动量产生的误差。

由系统的稳态误差定义过程可知,系统存在两种误差:取决于系统输入量的跟随误差$e_r(t)$和取决于扰动量的扰动误差$e_d(t)$。由图4-13可以看出,典型系统的结构框图能得出两种误差的拉氏表达式。跟随误差和扰动误差计算式参见"项目4—模块2—任务1"式(4-15)和式(4-16),分别为

跟随误差(拉氏式)

$$E_r(s) = \frac{1}{1 + G_1(s)G_2(s)}R(s) \qquad (5-1)$$

扰动误差（拉氏式）

$$E_d(s) = \frac{G_2(s)}{1 + G_1(s)G_2(s)}D(s) \qquad (5-2)$$

式中，$G_1(s)$ 为扰动量作用点前的前向通路中的传递函数；$G_2(s)$ 为扰动量作用点后面的前向通路中的传递函数。

系统的动态误差和稳态误差取决于式（5-1）和式（5-2）。从式（5-1）和（5-2）看出，系统的误差除了取决于系统的结构、参数 $G_1(s)$ 和 $G_2(s)$ 外，还和系统的输入量 $R(s)$ 和 $D(s)$ 有关，如果能直接测量系统的输入量 $R(s)$ 和 $D(s)$，我们就能采用补偿的办法，设法使用补偿装置全部或部分消除输入信号和扰动信号产生的系统误差，这便是顺馈补偿（前馈补偿）。

顺馈补偿就是在系统给定信号输入处，引入与 $R(s)$、$D(s)$ 有关的量，来做某种补偿，以降低系统误差的方法。

顺馈补偿又可以分为按扰动进行补偿和按输入进行补偿两种方式，通常把顺馈补偿和反馈控制结合起来的校正方式称为"复合校正"。

一、扰动顺馈补偿

当作用于系统的扰动量可以直接或间接获得时，可对图 5-20 所示的典型系统进行扰动补偿，这样就形成了如图 5-21 所示的扰动复合校正。

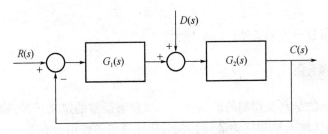

图 5-20 典型系统的框图

在图 5-21 所示的系统中，当只有扰动量 $D(s)$ 作用时，将测量得到的扰动信号输入到扰动量检测器中，以形成扰动误差补偿量，再将补偿量 $D'(s)$ 作用到系统输入端，和扰动输入量 $D(s)$ 产生的误差进行抵消。

（一）全补偿的条件

在图 5-21 的系统中，反馈环节的传递函数 $H(s) = 1$，如果不考虑系统的输入量 $R(s)$ 时，即 $R(s) = 0$，则系统的误差（系统误差的定义见"项目 4—模块 2—任务 1"）为

$$E(s) = R(s) - C(s) = -C(s) \qquad (5-3)$$

系统的输出量 $C(s)$ 由扰动信号 $D(s)$ 和补偿信号 $D'(s)$ 分别单独作用时的分量组成，系统的输出量为

$$C(s) = C_d(s) + C_d{}'(s)$$

若只有扰动信号 $D(s)$ 和补偿信号 $D'(s)$ 分别单独作用于系统时，则由扰动量 $D(s)$ 产生的系统输出量为

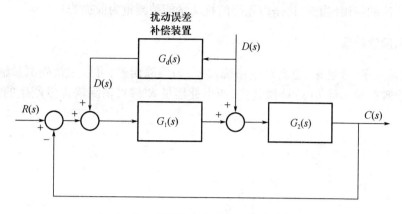

图 5 - 21 具有扰动顺馈补偿的复合校正

$$C_d(s) = \frac{G_2(s)}{1 + G_1(s)G_2(s)}D(s) \qquad (5-4)$$

若只有补偿信号 $D'(s)$ 单独作用于系统时,则补偿信号 $D'(s)$ 产生的系统输出量为

$$C_d'(s) = \frac{G_1(s)G_2(s)}{1 + G_1(s)G_2(s)}D'(s) = \frac{G_1(s)G_2(s)G_d(s)}{1 + G_1(s)G_2(s)}D(s) \qquad (5-5)$$

式中 $D'(s) = G_d(s)D(s)$。

将式(5 - 4)和(5 - 5)代入式(5 - 3)中可得

$$E(s) = -C(s) = -\left[\frac{G_2(s)}{1 + G_1(s)G_2(s)}D(s) + \frac{G_1(s)G_2(s)G_d(s)}{1 + G_1(s)G_2(s)}D(s)\right]$$

如果扰动误差补偿装置能够全部将扰动信号产生的误差补偿掉,系统的误差 $E(s)$ 就会等于零,即

$$E(s) = -\left[\frac{G_2(s)}{1 + G_1(s)G_2(s)}D(s) + \frac{G_1(s)G_2(s)G_d(s)}{1 + G_1(s)G_2(s)}D(s)\right] = 0$$

$$\frac{G_2(s)\left[1 + G_1(s)G_d(s)\right]}{1 + G_1(s)G_2(s)} = 0$$

由此可知 $1 + G_1(s)G_d(s) = 0$,可得到

$$G_d(s) = -\frac{1}{G_1(s)} \qquad (5-6)$$

式(5 - 6)为补偿装置全部补偿扰动信号产生误差的条件,即全补偿的条件,由此可见,因扰动量而引起的扰动误差已全部被顺馈环节所补偿了。

(二)欠补偿和过补偿

如果对扰动信号测量不准确,或者补偿装置参数不准确,有波动,都会导致补偿后,会有剩余的误差。如果补偿装置全部补偿扰动信号产生的误差后,还有剩余的补偿量留在系统中,这会产生新的误差,说明"补多"了,这就是过补偿;如果补偿装置补偿扰动信号产生的误差后,扰动信号产生的误差还有部分未被补偿,即"补少"了,这就是欠补偿;为避免这种现象,一是要测准扰动量,二是要设计准确的补偿装置,三是根据扰动信号不断变化的情况,实时测量扰动信号,进行动态补偿,达到准确补偿的目的。

(三)结论

含有扰动顺馈补偿的复合控制具有显著减小扰动误差的优点,因此在要求较高的场

合,获得了广泛的应用(当然,这是以系统的扰动量能被测量为前提的)。

二、输入顺馈补偿

系统的输入量(控制量)也会产生系统误差,为消除误差,可以在精确测量输入量的基础上,设计合理的输入量 $R(s)$ 补偿装置,产生补偿量 $R'(s)$,消除输入量产生的误差,见图 5-22。

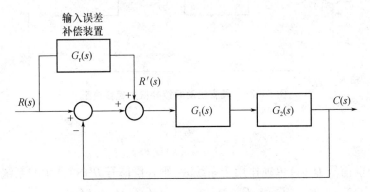

图 5-22　具有输入顺馈补偿的复合校正

(一)全补偿的条件

反馈环节的传递函数为 $H(s) = 1$。当补偿量和输入量同时作用到系统后,产生的系统误差(系统误差的定义见"项目 4—模块 2—任务 1")为

$$E(s) = R(s) - C(s) \tag{5-7}$$

当 $R(s)$ 单独作用时,系统的输出量为

$$C_R(s) = \frac{G_1(s)G_2(s)}{1 + G_1(s)G_2(s)}R(s) \tag{5-8}$$

当补偿量 $R'(s)$ 单独作用于系统时,系统的输出量为

$$C_{R'}(s) = \frac{G_1(s)G_2(s)}{1 + G_1(s)G_2(s)}R'(s) = \frac{G_1(s)G_2(s)G_r(s)}{1 + G_1(s)G_2(s)}R(s) \tag{5-9}$$

将式(5-8)和(5-9)代入式(5-7),则

$$E(s) = R(s) - C(s) = R(s) - \left[\frac{G_1(s)G_2(s)}{1 + G_1(s)G_2(s)}R(s) + \frac{G_1(s)G_2(s)G_r(s)}{1 + G_1(s)G_2(s)}R(s) \right]$$

如果补偿装置能够完全消除输入量 $R(s)$ 产生的误差,则 $E(s) = 0$,即

$$R(s) - \left[\frac{G_1(s)G_2(s)}{1 + G_1(s)G_2(s)}R(s) + \frac{G_1(s)G_2(s)G_r(s)}{1 + G_1(s)G_2(s)}R(s) \right] = 0$$

$$\left[\frac{1 - G_1(s)G_2(s)G_r(s)}{1 + G_1(s)G_2(s)} \right] = 0$$

由此可得 $1 - G_1(s)G_2(s)G_r(s) = 0$,即

$$G_r(s) = \frac{1}{G_1(s)G_2(s)} \tag{5-10}$$

上式为输入顺馈补偿全补偿的条件,即输入信号产生的误差全部被补偿了。

(二)欠补偿和过补偿

如果对系统输入量 $R(s)$ 测量不准确,或者补偿装置参数不准确,都会导致补偿后有剩余的误差,也会出现过补偿和欠补偿的问题。对工业控制系统来说,系统的输入量(控制量)是确定的,不存在测不准的问题,只有补偿装置设计的问题,相对扰动顺馈补偿而言,输入顺馈补偿的欠补和过补问题不突出。

(三)结论

采用(给定和扰动)顺馈补偿与反馈环节相结合的复合校正是减小系统误差(包括稳态误差和动态误差)的有效途径。

 任 务 实 施

一、任务

分析如图 5 − 23 所示的水温控制系统对扰动量的补偿措施所起的作用。

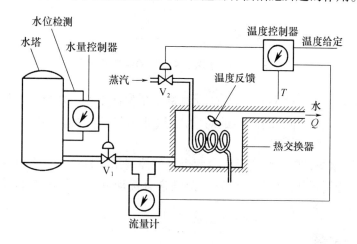

图 5 − 23　水温控制系统

二、任务实施过程

由图 5 − 23 可见,此系统的控制对象为热交换器,控制水流量的阀门 V_2 为执行元件,控制单元为温度控制器,主反馈环节为温度(流水温度)负反馈。系统的结构框图如图 5 − 24 所示。

由图 5 − 24 看出,影响水温变化的主要原因是水塔水位逐渐降低,造成水流量变化(减少),而使水温波动(升高);其次是外界温度变化,造成热交换器的散热情况不同,从而影响热交换器中的水温。因此系统的主扰动量为水流量的变化。

此控制系统的任务是保持水温恒定,为此采取了三个措施:

(一)采用温度负反馈环节,由温度控制器对水温进行自动调节,若水温过高,控制器使阀门 V_2 关小,蒸汽量减少,将水温调至给定值。

(二)由于水流量为主要扰动量,因此通过流量计测得扰动信号,并将此信号送往温度控制器的输入端,进行扰动顺馈补偿。当水流量减少时,补偿量减小,通过温度控制器使阀门 V_2 关小,蒸汽量减少,以保持水温恒定。

(三)由于水流量的变化是因水塔水位的变化(降低)而造成的,于是通过水位检测和水

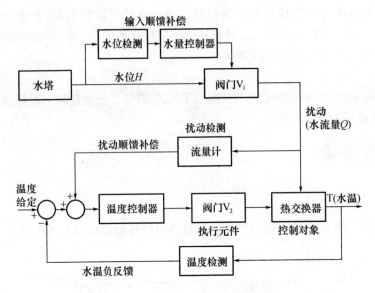

图 5-24 水温控制系统的组成框图

量控制器来调节阀门 V_1（使 V_1 开大），使水流量尽量保持不变。这里的水位检测和水量控制，实质是一种取自输入量（水位 H）的对输出量（水流量 Q）的输入顺馈补偿，使水流量保持不变。

综上所述，此水温控制系统实际上由两个恒值控制系统构成。一个是含有输入顺馈补偿的水流量恒值控制系统（子系统），另一个是含有扰动顺馈补偿和水温反馈环节的复合（恒值）控制系统（主系统）。

 任 务 小 结

输入顺馈补偿和扰动顺馈补偿都是在测量信号的基础上，采用误差补偿装置抵消部分误差或全部误差的方法，不仅减小了系统在动态过程产生的误差，更重要的是消除了它们产生的稳态误差，提高了系统控制的准确度。

 知 识 拓 展

反 馈 校 正

在自动控制系统中，为了改善系统的性能，除了采用串联校正和顺馈补偿外，反馈校正也是常采用的校正形式之一。采用反馈校正后，不仅可以得到串联校正的效果，而且还有改善系统性能的特殊效果。

一、反馈校正的原理

设反馈校正系统如图 5-25 所示，校正装置的传递函数为 $H_2(s)$，则开环传递函数为

$$G(s) = G_1(s) \frac{G_2(s)}{1 + H_2(s)G_2(s)} \tag{5-11}$$

在对系统动态性能起主要影响的频率范围内，$|G_2(s)H_2(s)| > > 1$，则其开环传递函数

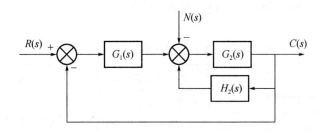

图 5 – 25　反馈校正装置所处位置

可近似表示为

$$G(s) \approx \frac{G_1(s)}{H_2(s)} \qquad (5-12)$$

　　显然,反馈校正后系统的特性几乎与被校正环节 $G_2(s)$ 无关。因此,适当选择反馈校正装置 $H_2(s)$ 的参数,可以改变系统的结构、参数和性能,使系统的性能达到所要求的性能指标。综上所述,反馈校正的基本原理是用反馈校正装置包围未校正系统中对动态性能改善有重大妨碍作用的某些环节,形成一个局部反馈回路,在局部反馈回路的开环增益远大于 1 的条件下,局部反馈回路的特性主要取决于反馈校正装置,几乎与被包围部分无关;适当选择反馈校正装置的形式和参数,可以使已校正系统的性能满足给定指标的要求。

二、反馈校正的分类与应用

（一）反馈校正的分类及特点

　　通常反馈校正可分为硬反馈和软反馈两种方式。

　　硬反馈校正装置主体是比例环节,它在系统的动态和稳态过程中都起反馈作用。

　　软反馈校正装置的主体是微分环节,它的特点是只在动态过程中起校正作用,而在稳态时,如同开路,不起作用。

　　（二）反馈校正的主要特点

　　1. 可以改变系统的局部结构

　　如用比例环节反馈包围积分环节,可将其变为一个惯性环节,从而降低了整个系统的稳态精度,改善了系统的稳定性,见表 5 – 3 以积分环节的反馈校正(a)。

　　2. 减小被包围环节的时间常数

　　这是反馈校正的一个主要特性,用比例反馈包围大惯性环节,校正后还是惯性环节,但时间常数减小为 $G(s) = T/(1 + \alpha K)$,即惯性变小。从而使环节或系统的动态过程缩短,提高了系统响应的快速性,见表 5 – 3 惯性环节的反馈校正(a)。

　　3. 替代系统中不利环节

　　如图 5 – 25 所示,局部反馈回路的传递函数为

$$G'(s) = \frac{G_2(s)}{1 + H_2(s)G_2(s)} \qquad (5-13)$$

如果 $|G_2(s)H_2(s)| \gg 1$,则

$$G'(s) \approx \frac{1}{H_2(s)} \qquad (5-14)$$

该局部反馈回路的特性取决于校正装置 $H_2(s)$,与被校正环节的传递函数无关,这样就

可以消除系统固有部分中不希望的特性,改善系统的性能。

表5-3 反馈校正对典型环节性能的影响

校正方式		框　图	校正后的传递函数	校　正　效　果
比例环节反馈校正	硬反馈(a)		$\dfrac{K}{1+\alpha K}$	仍为比例环节,但放大倍数减小为$\dfrac{K}{1+\alpha K}$
	软反馈(b)		$\dfrac{K}{1+\alpha Ks}$	变为惯性环节,放大倍数K,时间常数为αK
惯性环节的反馈校正	硬反馈(a)		$\dfrac{K}{1+\alpha K+Ts}$或$\dfrac{\dfrac{K}{1+\alpha K}}{\dfrac{T}{1+\alpha K}s+1}$	仍为惯性环节 但放大倍数减为$\dfrac{1}{1+\alpha K}$ 时间常数减为$\dfrac{1}{1+\alpha K}$ 可提高系统的稳定性和快速性
	软反馈(b)		$\dfrac{K}{(T+\alpha K)s+1}$	仍为惯性环节 放大倍数不变 时间常数增加为$T+\alpha K$
积分环节的反馈校正	硬反馈(a)		$\dfrac{K}{s+\alpha K}$或$\dfrac{1/\alpha}{\dfrac{1}{\alpha K}s+1}$	变为惯性环节(变为有静差) 但放大倍数为$\dfrac{1}{\alpha}$ 惯性时间常为$\dfrac{1}{\alpha K}$ 有利于系统的稳定性
	软反馈(b)		$\dfrac{K/s}{1+\alpha K}$或$\dfrac{K}{\dfrac{1+\alpha K}{s}}$	仍为积分环节 但放大倍数为$\dfrac{1}{1+\alpha K}$

4. 采用反馈校正后,系统对其所包围的原系统各元件的特性参数变化不敏感,因此对这部分元件的要求可以低一些,但是对反馈元件本身则要求较严。

5. 局部正反馈可以提高系统的放大系数。

例【5-1】 对比例环节进行反馈校正。

(1)加上硬反馈α,见表5-3比例环节反馈校正(a)。校正前的传递函数为$G(s)=K$;

校正后为 $G'(s) = \dfrac{K}{1 + \alpha K}$，这说明，比例环节加上硬反馈 α 后仍是一个比例环节，但其增益变为原来的 $\dfrac{1}{1 + \alpha K}$，这对于那些因增益过大而影响系统性能的环节，用硬反馈校正是一种有效的方法，并且还可抑制反馈回路扰动量对系统输出的影响。

（2）加上软反馈 αs，见表 5-3 比例环节反馈校正（b）。校正前的传递函数为 $G(s) = K$；校正后为 $G'(s) = \dfrac{K}{1 + \alpha s K}$。上式说明，比例环节加上软反馈 αs 后变成一个惯性环节，其惯性时间常数为 $T = \alpha K$。校正后的稳态增益为 K，但动态性能却变得平缓，稳定性提高。这对于那些希望动态过程平稳的系统，采用这种软反馈校正是一种常用的方法。

例【5-2】 对积分环节进行反馈校正。

（1）加上硬反馈 α，见表 5-3 积分环节的反馈校正（a），校正前的传递函数为 $G(s) = \dfrac{K}{s}$；校正后为 $G'(s) = \dfrac{1/\alpha}{1 + \dfrac{1}{\alpha K}}$。上式表明，积分环节加上硬反馈（$\alpha$）后变为惯性环节，这对系统的稳定性有利，但系统的稳态性能变差（系统的无静差度降低）。

（2）加上软反馈 αs，见表 5-3 积分环节的反馈校正（b），校正前的传递函数为 $G(s) = \dfrac{K}{s}$；校正后为 $G'(s) = \dfrac{K/(1 + K\alpha)}{s}$。上式表明，积分环节加上软反馈 αs 后仍为积分环节，但其增益为原来的 $\dfrac{1}{1 + \alpha K}$。

项目小结

1. 系统校正就是在原有的系统中，有目的地增添一些装置（或部件），人为地改变系统的结构和参数，使系统的性能获得改善，以满足所要求的性能指标。

2. 系统校正可分为串联校正、反馈校正和顺馈补偿，分类见表 5-4。

表 5-4 校正的分类

系统校正	串联校正	比例（P）校正（相位不变）
		比例微分（PD）校正（相位超前校正）
		比例积分（PI）校正（相位滞后校正）
		比例积分微分（PID）校正（相位滞后–超前校正）
	反馈校正	比例反馈校正（硬反馈校正）
		比例反馈校正（软反馈校正）
	顺馈校正	扰动顺馈补偿
		输入顺馈补偿

3. 无源校正装置的优点是结构简单，缺点是它本身没有增益，且输入阻抗低，输出阻抗高。有源校正装置的优点是本身有增益，有隔离作用（负载效应小）；且输入阻抗高，输出阻抗低，参数调整也方便。缺点是装置较复杂，且需要外加电源。

4. 比例(P)串联校正,若降低增益,可提高系统的相对稳定性(使最大超调量 σ 减小,振荡次数 N 降低)。但使系统的稳态精度变差(稳态误差 e_{ss} 增加)。增大增益,则与上述结果相反。

5. 比例微分(PD)串联校正,使中、高频段 γ 相位的滞后减少,减小了系统惯性带来的消极作用,提高了系统的相对稳定性和快速性,但削弱了系统的抗高频干扰的能力,对系统稳态性能影响不大。

6. 比例积分(PI)串联校正,可提高系统的无静差度,从而改善了系统的稳态性能;但系统的相对稳定性变差。

7. 比例积分微分(PID)串联校正,既可改善系统稳态性能,又能改善系统的相对稳定性和快速性,兼顾了稳态精度和稳定性的改善,因此在要求较高的系统中获得广泛的应用。

8. 串联校正对系统结构、性能的改善效果明显,校正方法直观、实用,但无法克服系统中元件(或部件)参数变化对系统性能的影响。

9. 反馈校正能改变被包围的环节的参数、性能,甚至可以改变原环节的性质。这一特点使反馈校正,能用来抑制元件(或部件)参数变化和内、外部扰动对系统性能的消极影响,有时甚至可取代局部环节。由于反馈校正可能会改变被包围环节的性质,因此也可能会带来副作用,例如含有积分环节的单元被硬反馈包围后,便不再有积分的效应,因此会减低系统的无静差度,使系统稳态性能变差。

10. 具有顺馈补偿和反馈环节的复合控制是减小系统误差(包括稳态误差和动态误差)的有效途径,但补偿量要适度,过量补偿会引起振荡。顺馈补偿量要低于但可接近于全补偿条件。

扰动顺馈全补偿的条件是:$G_d(s) = -1/G_1(s)$。

输入顺馈全补偿的条件是:$G_r(s) = \dfrac{1}{G_2(s)G_2(s)}$。

 项目习题

1. 什么是系统校正,系统校正有哪些类型?
2. 比例校正有什么特点,对系统的性能产生什么影响?
3. PID 串联校正调整系统的什么参数,使系统的结构发生什么样的变化? 对系统的性能产生什么影响? PID 校正有什么优点?
4. PI 控制器的传递函数 $G(s) = \dfrac{0.1s + 0.01}{s}$,则

(1)确定 0 dB 处的频率;
(2)确定 20 dB 处的频率;
(3)输入信号为 0.25 V,输入频率为 100 rad/s,确定输出信号。

5. 设单位负反馈控制系统的开环传递函数为

$$G(s) = \dfrac{10}{s(0.1s+1)(0.5s+1)}$$

绘出系统的 Bode 图,并求出相位裕量和增益裕量。若采用传递函数为 $G(s) = \dfrac{1+0.23s}{0.5s+1}$ 的串联校正装置,试求校正后系统的相位裕量和增益裕量,并分析校正后系统的性

能有何改进。

6. 设一单位负反馈系统,其开环传递函数为

$$G(s) = \frac{10}{s(0.2s+1)(0.5s+1)}$$

要求的性能指标为相位裕量等于 45°,增益裕量等于 6 dB。试分别采用串联超前校正和串联滞后校正两种方法,确定校正装置并分析两种校正的效果。

7. 考虑图 5 – 26 所示的控制系统。

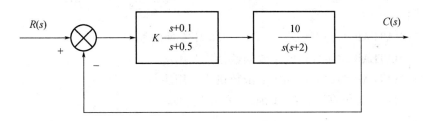

图 5 – 26 习题 7 图

为使系统的相位裕量等于 60°,试确定增益 K 的值。

项目6　MATLAB 在控制系统分析中的应用

【知识目标】

1. 掌握 MATLAB 的开发环境、基本语法和 M 文件的编程。
2. 掌握 MATLAB 时域分析的主要函数格式及用法。
3. 掌握 MATLAB 频率分析的主要函数格式及用法。
4. 掌握 Simulink 仿真工具箱模块库中的常用模块。

【能力目标】

1. 具备用 MATLAB 进行时域分析控制系统性能的能力。
2. 具备用 MATLAB 进行频率分析控制系统性能的能力。
3. 具备用 MATLAB 进行自动控制系统仿真的能力。

　　传统的控制系统分析和设计要么是手工完成,要么采用计算机编程完成,工作量很大,时间长,难度大,效率不高,MATLAB 软件的出现极大地提高了系统的设计和分析效率。该软件已成为控制工程辅助设计的主要软件。

　　本项目以 MATLAB 软件为辅助分析工具,在学习 MATLAB 的基础上完成控制系统性能的分析和仿真。

模块 1　MATLAB 的基本操作

任务 1　认识 MATLAB 软件

　　掌握 MATLAB 软件的特点,具备 MATLAB 的安装、启动和关闭等操作的能力。

　　MATLAB 具有强大的数值计算功能,它为用户提供了多个专业工具箱。这些专业工具箱的应用都离不开 MATLAB 语言的使用,本任务在认识 MATLAB 的基础上,学习 MATLAB 的安装、启动和关闭等操作,为后续的学习打下基础。

一、MATLAB 软件的地位和作用

MATLAB 是由 Matrix Laboratory（矩阵实验室）的英文缩写。该软件是由美国 Math-Works 公司于 1982 年首次推出的一套高性能的数值计算和可视化软件。目前已成为国际公认的最优秀的科技应用软件之一，具有功能强大、界面友好和开放性强的特点。在控制领域，MATLAB 以控制系统工具箱的应用最为广泛和突出，是控制系统首选的计算机辅助工具，适用于各种系统的动态建模与仿真。

二、MATLAB 软件的特点

MATLAB 软件具有 3 大特点：一是功能强大，具有数值计算和符号计算、计算结果和编程可视化、数学和文字统一处理、离线和在线计算等功能；二是界面友好、语言简单易懂，以复数处理作为计算单元，指令表达与标准教科书的数学表达式相近；三是开放性强，MATLAB提供了一个开放的环境，在这个环境下 MATLAB 软件可以面向用户开发各种应用工具箱、模块集及相关商业产品，MathWorks 公司推出了 30 多种应用工具箱，世界上很多公司也开发出了与 MATLAB 兼容的各种第三方产品，以满足各个领域的不同需要。

（一）数值计算和符号计算功能

MATLAB 以矩阵作为数据操作的基本单位，本身包含十分丰富的数值计算函数。另外，MATLAB 和著名的符号计算语言 Maple 相结合，使得 MATLAB 具有符号计算功能。

（二）绘图功能

MATLAB 提供了两个层次的绘图操作：一种是对图形句柄进行的低层绘图操作；另一种是建立在低层绘图操作之上的高层绘图操作。

（三）编程语言

MATLAB 的编程语言具有程序结构控制、函数调用、数据结构、输入/输出、面向对象等特征，而且简单易学，编程效率高。

（四）MATLAB 工具箱

MATLAB 包含基本部分和各种可选工具箱两部分内容。MATLAB 工具箱分为功能性工具箱和学科性工具箱两大类。

一、任务

MATLAB 7.5 软件的安装、启动和关闭。

二、任务实施过程

（一）MATLAB 软件的安装

将 MATLAB 光盘插入光驱后，PC 会自动启动"安装向导"。如果没有实现自动安装，则可以在"我的电脑"或"资源管理器"中双击应用程序"setup. exe"，启动"安装向导"。然后按照安装提示依次操作。在 MATLAB 安装完毕后，操作系统会要求重新启动。

（二）MATLAB 软件的启动

当 MATLAB 安装到 PC 硬盘上以后，创建 MATLAB 工作环境有两种方法：

1. MATLAB 的工作环境由"matlab. exe"创建，该程序驻留在文件夹 matlab\bin\中。只要从"我的电脑"或"资源管理器"中找到这个程序，双击"MATLAB"图标，就会自动创建如图 6 - 1 所示的 MATLAB 7.5 版启动的命令窗。

2. 在 Windows 桌面上创建一个"MATLAB 快捷方式"。此后，直接双击桌面上"MATLAB快捷方式"图标，就可建立如图 6 - 1 所示的 MATLAB 工作环境。

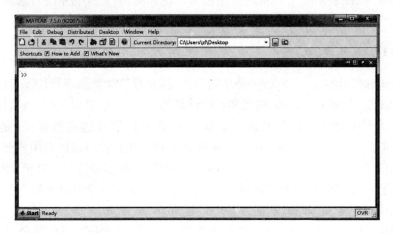

图 6 - 1　MATLAB 7.5 软件的命令窗口

（三）MATLAB 的退出

要退出 MATLAB 系统，也有 3 种常见方法。

1. 在 MATLAB 主窗口"File"菜单中选择"Exit MATLAB"命令。

2. 在 MATLAB 命令窗口输入"Exit"或"Quit"命令。

3. 单击 MATLAB 主窗口的"关闭"按钮。

 任务小结

MATLAB 软件是 Windows 操作系统环境下开发的软件，软件的安装、启动和退出与其他 Windows 软件基本相同，掌握软件的安装是学习计算机软件的基本内容。

任务 2　MATLAB 软件的开发环境

 任务目标

熟悉"MATLAB 7.5"的操作界面组成、每部分的作用及所在位置。

 任务描述

熟悉软件每部分的用途、位置是熟练使用 MATLAB 软件的前提，也是后续内容学习的基础。

一、MATLAB 的工作界面

MATLAB 的工作界面(见图 6－2)包括标"题栏""菜单""工具栏""命令窗口""当前工作目录""工作空间"和"历史命令"窗口等。

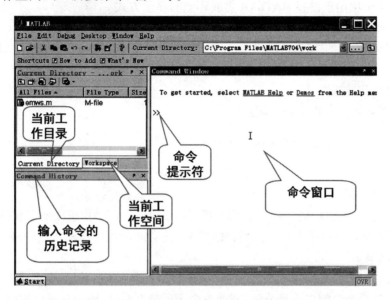

图 6－2　MATLAB 的工作界面

二、MATLAB 菜单栏

MATLAB 主窗口的菜单栏共包含"File(文件)""Edit(编辑)""View(视图)""Window(窗口)"和"Help(帮助)"5 个菜单项。

(一)"File"菜单项

"File"菜单项实现有关文件的操作。如:

1. "New"子菜单打开"编辑/调试器"、"新图形窗口"、Simulink 用的"MDL 文件"。

2. "Open"子菜单通过已有 M 文件打开"编辑/调试器"。

3. "Close　Command　Window"子菜单关闭"命令"窗口。

4. "Import　Data"子菜单输入数据。

5. "Preferences"子菜单调用 MATLAB 指令窗环境设置卡。

6. "Print"子菜单打印工作窗中的内容。

7. "Exit"MATLAB 子菜单退出 MATLAB。

(二)"Edit"菜单项

"Edit"菜单项用于命令窗口的编辑操作,如:

1. "Cut"子菜单用于剪切。

2. "Copy"用于复制。

3. "Paste"用于粘贴。

4."Clear Session"子菜单用于清除指令窗里的显示内容,但它不清除工作内存中的变量。

5."Select All"子菜单用于选择全部内容。

6."Delete Find"用于删除查找内容。

7."Clear Command Window"子菜单用于清除命令窗。

(三)"View"菜单项

"View"菜单项用于设置 MATLAB 集成环境的显示方式。

(四)"Window"菜单项

主窗口菜单栏上的"Window"菜单,只包含一个子菜单"Close all",用于关闭所有打开的编辑器窗口。

(五)"Help"菜单项

"Help"菜单项用于提供帮助信息。

三、MATLAB 命令窗口(Command Window)

MATLAB 的命令窗口,用于输入命令并显示除图形以外的所有执行结果。

(一)MATLAB 命令

MATLAB 命令窗口中的"＞＞"为命令提示符,表示 MATLAB 正在处于准备状态。在命令提示符后输入命令并按下回车键后,MATLAB 就会解释执行所输入的命令,并在命令后面给出计算结果。

一般来说,一个命令行输入一条命令,命令行以回车结束。但一个命令行也可以输入若干条命令,各命令之间以逗号分隔,若前一命令后带有分号,则逗号可以省略。

如果一个命令行很长,一个物理行之内写不下,可以在第一个物理行之后加上 3 个".",并按下回车键,然后接着下一个物理行继续写命令的其他部分。3 个"."称为续行符,即把下面的物理行看作该行的逻辑继续。

在 MATLAB 里有很多的控制键和方向键可用于命令行的编辑。

(二)MATLAB 的启动平台窗口

启动平台窗口可以帮助用户方便地打开和调用 MATLAB 的各种程序、函数和帮助文件。

MATLAB 7.5 版主窗口左下角设有一个"Start"按钮,单击该按钮会弹出一个菜单,选择其中的命令可以执行 MATLAB 产品的各种工具,并且可以查阅 MATLAB 包含的各种资源。如图 6-2 所示。

四、"历史命令"窗口(command history)

"历史命令"窗口的作用:

(一)记录用户在"Matlab"命令窗口中输入的所有的命令。

(二)包括每次启动"Matlab"的时间和运行的所有命令行。

(三)单击右键,对"历史命令"进行编辑(剪切/复制/运行/创建"m 文件"/"快捷方式"/"profile code"等)。

五、"当前目录"窗口(Current Directory)

(1)检查 MATLAB 内存,判断是否为变量或常量。

(2)检查是否为 MATLAB 的内部函数。

(3)在当前目录中搜索是否有这样的 M 文件存在。

(4)在 MATLAB 搜索路径的其他目录中搜索是否有这样的 M 文件存在。

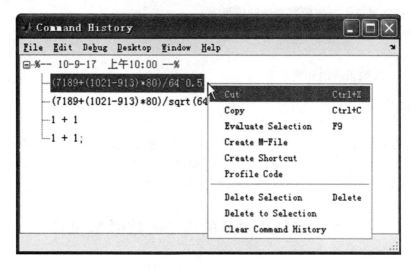

图6-3 历史命令窗口

六、"工作空间"窗口(Workspace)

"工作空间(Workspace)"窗口位于 MATLAB 操作桌面的左上角,如图6-4所示。它与后面将要介绍的"当前目录(Current Directory)"窗口是可切换的前、后台工作方式,可以单击位于下部的"Workspace"或"Current Directory"进行切换。工作空间是 MATLAB 用于存储各种变量和结果的内存空间,在该窗口中显示工作空间中所有变量的名称、大小、字节数和变量类型说明,可以对变量进行观察、编辑、保存和删除。

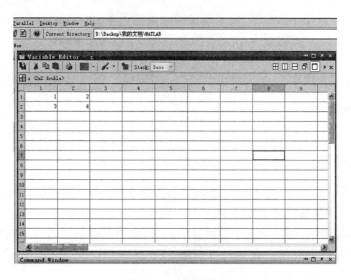

图6-4 工作间窗口

七、MATLAB 命令窗口帮助系统

MATLAB 中提供了"help""helpbrowser""helpwin""doc""docsearch"和"lookfor"等函数,用来在命令窗口中查询函数的帮助信息。

在命令窗口输入以下命令:

＞＞help ch;

ch 为要查询的函数语句或命令。

任 务 小 结

MATLAB 7.5 软件的开发环境主要包括"菜单"、"命令"窗口、"历史命"令窗口、"当前目录"窗口、"工作空间"窗口、"MATLAB 命令"窗口"帮助"系统等,其中最主要的是"命令"窗口,因为"命令"窗口就像一个计算器一样,直接可以输入、各种命令,并能执行命令。

任务3 MATLAB 的命令函数和 M 文件

任 务 目 标

【知识目标】

1. 掌握 M 文件和命令文件的结构。

2. 掌握函数的调用方法。

【能力目标】

具备简单的 M 文件和命令文件的创建、保存、编程和运行程序的能力。

任 务 描 述

当用户实现一些简单命令时,由于需要输入语句不多,可以在"命令"窗口中一行一行输入,并能立刻显示结果,这是 MATLAB 的一个优点。但是,如果要大量输入语句,并且要实现复杂功能,反复调用修改的程序时,这种功能就显得有点不足了,这个时候,必须利用 MATLAB 语言编写程序文件,即一种以".m"为扩展名的 MATLAB 程序(简称 M 文件)。

相 关 知 识

一、M 文件概述

所谓 M 文件就是用 MATLAB 语言编写的,可在 MATLAB 语言环境下运行程序源代码文件。由于 MATLAB 软件是基于 C 语言开发而成。因此,M 文件的语法与 C 语言十分相似。M 文件可以在 MATLAB 的程序编辑器中编写,也可以在其他的文本编辑器中编写,并以".m"为扩展名加以存储。在运行文件时只需在 MATLAB"命令"窗口下输入该文件名即可。

M 文件可以根据调用方式的不同分为"函数文件(Function File)"和"命令文件(Script File)"两类。

二、函数文件

MATLAB 语言中,如果 M 文件的第一个可执行以"function"开始,该文件就是函数文件,每一个函数文件都定义一个函数。事实上,MATLAB 提供的函数命令大部分都是由函数文件来定义的。从使用的角度看,函数是一个"黑箱",把一些数据送进去,经加工处理,把结果送出来。从形式上看,函数文件区别于命令文件之处在于命令文件的变量在文件执行完成后保留在工作空间中,而函数文件内定义的变量只在函数文件内部起作用,当函数文件执行完后,这些内部变量将被清除。MATLAB 语言的函数文件一般包含 5 个部分。

（一）函数题头

指函数的定义行,是函数语句的第一行,在该行中将定义函数名、输入变量列表及输出变量列表等。

（二）HI 行

指函数帮助文本的第一行,为该函数文件的帮助主题,当使用"lookfor"命令时,可以查看到该行信息。

（三）帮助信息

这部分提供了函数完整的帮助信息,包括 HI 之后至第一个可执行或空行为止的所有注释语句,通过 MATLAB 语言的帮助系统查看函数的帮助信息时,将显示该部分。

（四）函数体

指函数代码段,也是函数的主体部分,是实现编程目的核心所在,它包括所有可执行的一切 MATLAB 语言代码。

（五）注释部分

注释部分是指对函数体中各语句的解释和说明文本,注释语句是以"%"引导的。

现以两个矩阵交换函数为例说明 M 文件的结构,M 文件中的函数代码如下:

```
function[output1,output2] = function_example(input1,input2)   % 函数题头
% This is function to exchange two matrices                   % HI 行
% input1,input2 are input variables                           % 帮助信息
% output1,output2 are output variables                        % 帮助信息
output1 = input2;                                             % 函数体
output2 = input1;                                             % 函数体
[a,b] = function   example(a,b)                               % 函数调用
```

程序运行的结果如下:

```
a =
    8 1 6
    3 5 7
    4 9 2
b =
    1 1 1
    1 2 3
    1 3 6
```

由上例可以看到,通过使用函数对矩阵 a、b 进行了相互交换。在该函数题头中,function 为 MATLAB 语言中函数的标示符,而 function_example 为函数名,inputl、input2 为输入变量,而 outputl、output2 为输出变量,实际调用过程中,可以用有意义的变量替代使用。题头的定义有一定的格式要求,输出变量由中括号标志,而输入变量由小括号标志,各变量间用逗号间隔。应该注意到,函数的输入变量引用的只是该变量的值而非其他值,所以函数内部对输入变量的操作不会带回到工作空间中。

函数体是函数的主体部分,通过这个例子可以看到 MATLAB 语言中将一行内"%"后所有文本均视为注释部分,在程序的执行过程中不被执行,并且"%"出现的位置也没有明确的规定,可以是一行的首位,这样整行文本均为注释语句,也可以是在行中的某个位置,其后所有文本将被视为注释语句,这也展示了 MATLAB 语言在编程中的灵活性。

尽管在上面介绍了函数文件的 5 个组成部分,但是并不是所有的函数文件都需要全部的这 5 个部分,实际 5 部分中只有函数题头是一个函数文件所必需的,而其他 4 个部分均可省略。当然,如果没有函数体则为一空函数,不能产生任何作用。

在 MATLAB 语言中,存储 M 文件时文件名应当与文件内主函数名相一致,这是因为在调用 M 文件时,系统查询的是相应的文件而不是函数名,如果两者不一致,则打不开目的文件,或者打开的是其他文件。鉴于这种查询文件的方式与以往程序设计语言不同,在其他的语言系统中,函数的调用都是指对函数名本身的,所以,建议在存储 M 文件时,应将文件名与主函数名统一起来,以便于理解和使用。常用的 MATLAB 函数见附表。

三、命令文件

命令文件是 M 文件中最简单的一种,不需要输入、输出参数,用命令语句可以控制 MATLAB 工作空间的所有数据。运行过程中,产生的所有变量均是全局变量,这些变量一旦生成,就一直保存在内存空间中,除非用户运行"clear"命令将它们清除。

运行一个命令文件等价于从"命令"窗口中按顺序运行文件里的命令。由于命令文件只是一串命令的集合,因此程序不需要预先定义,而只是像在"命令"窗口中输入命令那样,依次将命令编辑在命令文件中即可。

四、函数的调用

(一)调用格式

[输出实参表] = 函数名(输入实参表)

在调用的过程中,如果是函数文件,一定要注意参数的顺序,如果是命令文件的话,只需要在命令窗口中输入文件名即可。

(二)程序代码

现以求算术平均值为例说明函数文件的使用,其代码如下:

```
function y = average(x)           % average 函数计算矢量中单元的平均
                                  % y = average(x),其中 x 是矢量,
                                  % y 是计算出的矢量中% 单元的平均值

[m,n] = size(x);                  % 判断输入量的大小
if( ~((m = =1) | (n = =1)) | (m = =l&n = =1))
                                  % 判断输入是否为矢量

error('必须输入矢量')
```

```
    end
    y = sum(x)/length(x);                    % 计算
```
（三）程序运行

然后在 MATLAB 的命令窗口运行以下命令，便可求得 1~1000 的平均值。
```
    z = 1:1000;
    average(z)
```
输出为
```
    ans =
    500.5000
```

五、嵌套调用和递归调用

在函数定义的过程中，可以调用别的函数，也可以调用自身。调用别的函数称为"嵌套"，调用自身称为"递归"，"递归"可以认为是特殊的"嵌套"，在调用过程中一定要注意调用的结束条件。调用是程序设计的一个亮点，有很多意想不到的优点，比如用"递归"调用解决"汉诺塔"问题就是一个典型的例子。

　任 务 实 施

一、任务

采用 M 文件编程的方式，将华氏温度°F 转换为摄氏温度℃。

二、任务的实施过程

（一）建立 M 文件

M 文件是一个文本文件，它可以用任何编辑程序来建立和编辑，而一般常用且最为方便的是使用 MATLAB 提供的文本编辑器。启动 MATLAB 文本编辑器有 3 种方法。

1. 菜单操作，File→New→M – file；

2. 命令操作，在 MATLAB 命令窗口输入命令 edit；

3. 命令按钮操作。

单击 MATLAB 主窗口工具栏上的"New M – File"命令按钮。启动 MATLAB 文本编辑器后见图 6 – 5，另存文件，并将文件命名为"ll. m"。

（二）编写 M 文件程序

在"ll. m"文件中输入以下程序：
```
    f = input('Input Fahrenheit temperature:');
    c = 5.0 * (f – 32.0)/9.0;
```
单击文件"File"菜单的子菜单"保存"命令保存文件。

（三）运行 M 文件程序

在命令窗口输入 M 文件名"ll"，回车运行该程序。会在命令窗口显示如下结果：
```
    > >ll
    Input Fahrenheit temperature:67
```

c =

19.4444

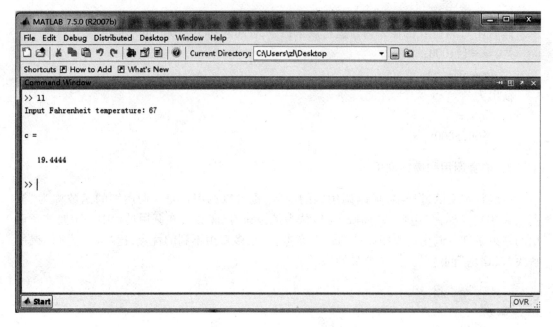

图 6 - 5　M 文件文本编辑器

（四）打开 M 文件"ll. m"

打开已有的 M 文件，也有 3 种方法。

1. 菜单操作。"File→Open"，则屏幕出现"Open"对话框，在"Open"对话框中选中所需打开的 M 文件。

2. 命令操作。在 MATLAB 命令窗口输入命令 edit 文件名。

3. 命令按钮操作。单击 MATLAB 主窗口工具栏上的"Open File"命令按钮，再从弹出的对话框中选择所需打开的 M 文件。

MATLAB 语言格式更接近 C 语言，对程序的执行采用命令解释方式。掌握 M 文件的编程、运行是学习 MATLAB 语言的最基本要求。

任务 4　MATLAB 的数值、变量、运算符和表达式

掌握 MATLAB 的数值运算、变量命名、运算符、表达式，特别是矩阵和绘图的操作。

数值的表示、变量的命名、运算符和表达式是 MATLAB 程序的基本组成，是正确书写程序

的前提。MATLAB 是以矩阵为基本单元进行运算,掌握矩阵的操作也是正确编写程序的要素。

 相关知识

一、数值的表示

MATLAB 的数值采用十进制,可以带小数点或负号。以下表示都合法:

0 − 100 0.008 12.752 1.8 e − 6 8.2e 52

二、变量命名规定

(一)变量名、函数名。字母大小写表示不同的变量名,如"A"和"a"表示不同的变量名;"sin"是 MATLAB 定义的正弦函数,而"Sin、SIN"等都不是。

(二)变量名的第一个字母必须是英文字母,最多可包含 31 个字符(英文、数字和下连字符)。如"A21"是合法的变量名,而"3A21"是不合法的变量名。

(三)变量名不得包含空格、标点,但可以有下连字符。如变量名"A − b21"是合法变量名,而"A,21"是不合法的。

三、基本运算符

MATLAB 表达式的基本运算符见表 6 − 1。

表 6 − 1 MATLAB 表达式的基本运算符

	数学表达式	MATLAB 运算符	MATLAB 表达式
加	$a + b$	+	$a + b$
减	$a - b$	−	$a - b$
乘	$a \times b$	*	$a * b$
除	$a \div b$	/或\	a/b 或 $a\backslash b$
幂	ab	∧	$a \wedge b$

MATLAB 用左斜杠或右斜杠分别表示"左除"或"右除"运算。对标量而言,这两者的作用没有区别;对矩阵来说,"左除"和"右除"将产生不同的结果。

四、表达式

MATLAB 书写表达式的规则与"手写算式"几乎完全相同。

1. 表达式由变量名、运算符和函数名组成。
2. 表达式将按常规相同的优先级自左至右执行运算。
3. 优先级的规定为指数运算级别最高,乘除运算次之,加减运算级别最低。
4. 括号可以改变运算的次序。

 任务实施

一、任务

应用 MATLAB 进行数值计算、绘制二维曲线图。

二、任务实施

(一)求$[18+4\times(7-3)]\div5^2$的运算结果

1.双击"MATLAB"图标,进入"MATLAB"命令窗口,如图6-6所示。

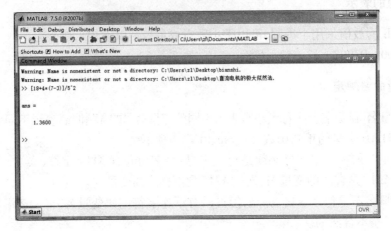

图6-6   MATLAB 命令窗口显示的运算结果

2.用键盘在 MATLAB 指令窗中输入以下内容

> >$[18+4*(7-3)]/5\wedge2$

3.在上述表达式输入完成后,按"Enter"键,该命令就被执行。

4.在命令执行后,"Commond Window"窗口中显示如下结果

ans =

1.3600

其中"ans"是 answer 的缩写。

(二)矩阵的运算

1.定义一个3行3列的矩阵。

在命令窗口或在 M 文件中输入以下命令,并按"回车"键运行。

> >x = [1 2 3;4 5 6;7 8 9]

其运行结果为:

> >x = 1 2 3

4 5 6

7 8 9

注意:矩阵的元素之间用一个空格隔开,矩阵的两行之间用分号隔开。

2.求矩阵 $A = \begin{bmatrix} 25 \\ 63 \end{bmatrix}$ 和矩阵 $B = \begin{bmatrix} -79 \\ -20 \end{bmatrix}$ 的和。

在命令窗口输入以下命令:

> >A = [2 5;6 3];

> >B = [-7 9; -2 0];

> >A + B

则运行结果为:

ans =

$$-5 \quad\quad 14$$
$$4 \quad\quad 3$$

注意:ans 即为 A + B 运算的结果。

(三)将方程 $x^3 + 4x^2 + 5x + 3 = 0$ 的系数表示成列向量

在 MATLAB 的命令窗口输入以下命令即可建立多项式的系数矩阵。

> > a = [1 4 5 3]

(四)应用 MATLAB 绘制二维图线

1. 基本的绘图函数 plot( )

在二维曲线绘制中,最基本的指令是 plot( )函数。如果用户将 x 和 y 和 y 轴的两组数据分别在向量 x 和 y 中存储,且它们的长度相同,则调用该函数的格式为:

plot(x,y)

这时将在一个图形窗口上绘出所需要的二维图形。

2. 绘制两个周期内的正弦曲线。

今以 t 为 x 轴,sin$t$ 为 y 轴,取样间隔为 0.1,取样长度为 4π $(4 * pi)$,于是可在 MATLAB 的 M 文件中输入以下语句:

t = 0:0.1:4 * pi;

y = sin(t);

plot(t,y)

M 文件执行后,结果如图 6 - 7 所示。

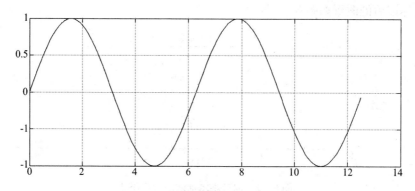

图 6 - 7 MATLAB 绘制的正弦曲线

3. 在同一窗口绘制两个周期内的正弦曲线和余弦曲线

(1)绘制多条曲线时,plot(x,y)的格式为

plot$(x_1,y_1,x_2,y_2\cdots)$

(2)于是可在 MATLAB 的 M 文件中输入以下程序:

t1 = 0:0.1:4 * pi;

t2 = 0:0.1:4 * pi;

plot(t1,sin(t1),t2,cos(t2))

(3)按"Enter"键执行,结果如图 6 - 8 所示。

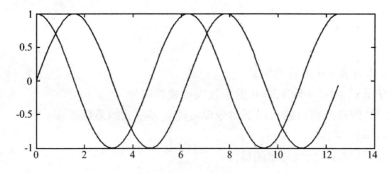

图6-8　在同一窗口绘制的两条曲线

4. 在图形上加注网格线、图形标题、x 轴与 y 轴标记

MATLAB 中关于网格线、标题、x 轴标记和 y 轴标记的命令如下：

"grid"（加网格线）；"title"（加图形标题）；"xlabel"（加 x 轴标记）和"ylabel"（加 y 轴标记）。在正弦曲线的绘制的实例中，增加上述标记的命令为

```
t = 0:0.1:4 * pi;
    plot( t, sin( t ) )
    grid;
    title( '正弦曲线' );
    xlabel( 'Time' );
    ylabel( 'sin( t )' );
```

增加上述标记后的图形如图 6-9 所示。

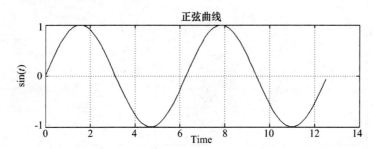

图6-9　加有基本标注的图形样式

掌握 MATLAB 数值的表示、变量的命名、运算符和表达式及矩阵的运算，是设计 MATLAB 程序的基本要求。MATLAB 突出的一个优点是运算结果的可视化，同样掌握绘图也是控制系统分析和仿真的需要。

任务5　应用 MATLAB 解微分方程

1. 掌握 MATLAB 多项式的根求解函数的使用。

2.掌握 MATLAB 部分分式展开函数的使用。

3.掌握 MATLAB 拉氏反变换函数的使用。

 任 务 描 述

在求解微分方程的过程中,当微分方程的阶次高于二阶时,不容易求解,采用 MATLAB 软件求解微分方程则比较容易。求解微分方程时,需要将微分方程经过拉氏变换后,转变为复数域中的代数方程,然后再将复数域中的解展开为部分分式和的形式,这就需要用到 MATLAB 的有关函数,当完成分式展开后,就可以用 MATLAB 拉氏反变换函数求出微分方程的解。

 相 关 知 识

一、MATLAB 的多项式

(一)多项式表示函数 Poly2sym( )的用法

在 MATLAB 中多项式用一个列向量来表示,它的系数是按照降序的方式进行排列。

$$P(x) = a_n x^n + a_{n-1} x^{n-1} + \cdots + a_1 x + a_0$$

多项式 $P(x)$ 的系数可用行向量来表示为

$$P = [a_n a_{n-1} \cdots a_1 a_0]$$

如多项式 $P(x) = 3x^3 + 4x^2 + 7x + 8$ 在 MATLAB 中表示时,可在 MATLAB 命令窗口输入以下命令

>>P = [3 4 7 8];

>>Poly2sym(p)

执行结果为

ans =

x^4 + 10 * x^3 + 35 * x^2 + 50 * x + 24

(二)多项式求根的 roots( )函数用法

多项式的根是指多项式 $P(x) = 0$ 时构成方程的根。如求多项式 $P(x) = 3x^3 + 4x^2 + 7x + 8$ 的根时,可在 MATLAB 命令窗口输入以下命令:

>>sym P;　　% 定义符号变量

>>P = [3 4 7 8];

>>ro = roots(P)

程序运行结果为:

ro =

　　-0.0583 + 1.4792i

　　-0.0583 - 1.4792i

　　-1.2168

二、用 MATLAB 进行多项式的部分分式展开

(一)有理分式的一般表示形式

$$F(s) = \frac{Q(s)}{P(s)} = \frac{b_m s^n + b_{m-1} s^{n-1} + \cdots + b_1 s + b_0}{a_n s^n + a_{n-1} s^{n-1} + \cdots a_1 s + a_0} \tag{6-1}$$

（二）有理分式展开为部分分式和的 residue(num,den) 函数的用法

$$[r,p,k] = \text{residue}(\text{num},\text{den})$$

式中： r——已展开分式每一项的系数,即待定系数;

p——已展开分式分母多项式构成方程的根;

k——余项;

num——分子多项式系数行向量;

den——分母多项式的系数行向量。

现以以下函数为例说明部分分式展开的 MATLAB 操作

$$F(s) = \frac{Q(s)}{P(s)} = \frac{s^4 + 11s^3 + 39s^2 + 52s + 26}{s^4 + 10s^3 + 35s^2 + 50s + 24} \tag{6-2}$$

式(6-2)中 $P(s) = s^4 + 10s^3 + 35s^2 + 50s + 24$ 为分母多项式,将式(6-2)展开为部分分式和的形式

$$F(s) = \frac{Q(s)}{P(s)} = \frac{A_1}{s-s_1} + \frac{A_2}{s-s_2} - \frac{A_3}{s-s_3} + \frac{A_4}{s+s_4} + k \tag{6-3}$$

式(6-3)中, A_1,A_2,A_3,A_4 为待定系数, s_1,s_2,s_3,s_4 为分母多项式 $P(s)$ 的根, k 为多项式余项。在 MATLAB 的 M 文件(文件名为"ss.m")中编写如下程序:

num = [1 11 39 52 26];

den = [1 10 35 50 24];

[r,p,k] = residue(num,den)

运行结果为:

r =

    1.0000

    2.5000

   -3.0000

    0.5000

p =

  -4.0000

  -3.0000

  -2.0000

  -1.0000

k =

    1

上述结果中, r 为待定系数行向量,分别对应 $A_1 = 1, A_2 = 2.5, A_3 = -3, A_4 = 1/2$; p 为分母多项式根的行向量,分别对应 $s_1 = -4, s_2 = -3, s_3 = -2, s_4 = -1$,余项 $k = 1$,这样, $F(s)$ 的部分分式为

$$F(s) = \frac{Q(s)}{P(s)} = \frac{1}{s+4} + \frac{2.5}{s+3} - \frac{3}{s+2} + \frac{0.5}{s+1} + 1 \tag{6-4}$$

三、用 MATLAB 进行拉氏反变换

对式(6-4)每一项进行拉氏反变换,在"ss. m"文件中可输入以下语句:

syms f1 f2 f3 f4 f5 s　%定义符号变量

f1 = ilaplace(1/(s+4))

f2 = ilaplace(2.5/(s+3))

f3 = ilaplace(3/(s+2))

f4 = ilaplace(0.5/(s+1))

f5 = ilaplace(s/s)

注:余项1不能用 ilaplace( )函数直接进行反变换,只能用 s/s 来替代。

程序运行结果为:

f1 =

exp(-4*t)

f2 =

5/2*exp(-3*t)

f3 =

3*exp(-2*t)

f4 =

1/2*exp(-t)

f5 =

dirac(t)

这样有理多项式 $F(s)$ 的拉氏反变换结果为:

$$f(t) = e^{-4t} + \frac{5}{2}e^{-3t} + 3e^{-2t} + \frac{1}{2}e^{-t} + \delta(t) \tag{6-5}$$

四、多项式函数操作语句表和常用函数表

表6-2　多项式操作的 Matlab 函数语句

命令格式	含　义	备　注
root(P)	求多项式 P 的根	P 为多项式的系数向量
[r,p,k] = residue(num,den)	多项式的部分分式展开	"num"为多项式表示的复变函数 $F(s)$ 的分子行向量表示,"den"为多项式表示的复变函数为多项式表示的复变函数分子的分母行向量表示。r 表示待定系数的行向量,P 表示部分分式展开式中的每项分母的根
laplace(f)	函数 $f(t)$ 的拉氏变换	Laplace(f)函数中的变量 f 为原函数 $f(t)$
ilaplace(F)	求 $F(s)$ 的拉氏反变换	laplace(F)函数中的 F 代表象函数 $F(s)$
ezplot(f)	绘制函数的图像	适用于符号函数绘图,f 为符号函数
plot	绘制函数的图像	适用于实函数,f 为实函数

 任务实施

一、任务

求二阶系统在单位阶跃信号作用下的响应。

$$T^2 \frac{\mathrm{d}^2 c(t)}{\mathrm{d}t^2} + 2T\xi \frac{\mathrm{d}c(t)}{\mathrm{d}t} + c(t) = r(t) \qquad (6-6)$$

其中 $0 < \xi \leqslant 1, r(t) = 1$。

二、任务实施过程

（一）对（6-6）式两端同时进行拉氏变换

$$L\left[T^2 \frac{\mathrm{d}^2 c(t)}{\mathrm{d}t^2} + 2T\xi \frac{\mathrm{d}c(t)}{\mathrm{d}t} + c(t) \right] = L[r(t)]$$

则 $T^2 s^2 C(s) + 2T\xi s C(s) + C(s) = R(s)$。

（二）系统输出量 $C(s)$ 的表达式

$$C(s) = \frac{1}{T^2 s^2 + 2T\xi s + 1} \times \frac{1}{s} = \frac{\omega_n^2}{s^2 + 2\xi\omega_n + \omega_n^2} \times \frac{1}{s} \qquad (6-7)$$

式中，$\omega_n = 1/T, \xi$ 为阻尼比。

$C(s)$ 的分母为 $P(s) = (s^2 + 2\xi\omega_n s + \omega_n^2)s$，现取 $\xi = 3.162, \omega_n = 3.1623 \ \mathrm{rad/s}$ 的特殊情况对式（6-7）进行多项式的部分分式展开，这样式（6-7）就变为

$$C(s) = \frac{10}{s^2 + 2s + 10} \times \frac{1}{s} = \frac{10}{s^3 + 2s^2 + 10s} \qquad (6-8)$$

其部分和的形式为

$$C(s) = \frac{A_1}{s - s_1} + \frac{A_2}{s - s_2} + \frac{A_3}{s - s_3} + k \qquad (6-9)$$

（三）启动 MATLAB 软件

建立 M 文件，并命名为"ff. m"。

（四）用 MATLAB 软件求式（6-9）的待定系数

在"ff. m"文件中输入以下程序：

```
num = [0 0 0 10];
 den = [1 2 10 0];
 [r,p,k] = residue(num,den)
```

程序运行结果为：

```
r =
    -0.5000 + 0.1667i
    -0.5000 - 0.1667i
    1.0000
p =
    -1.0000 + 3.0000i
    -1.0000 - 3.0000i
```

$$k = \begin{bmatrix} 0 \\ \ \end{bmatrix}$$

将运行结果中的系数代入式(6-9),这样 $C(s)$ 的部分分式可得:

$$C(s) = \frac{-0.5 + 1.667i}{(s + 1 - 3.0i)} + \frac{-0.5 - 1.667i}{(s + 1 + 3.0)} + \frac{1}{(s - 0)} \quad (6-10)$$

(五)对式(6-10)进行拉氏反变换

在 MATLAB 命令窗口中输入以下语句:

> > s = sym(´s´);

> > sym f;

> > f = ilaplace((-0.5 + 1.667i)/(s + 1 - 3.0i) + (-0.5 + 1.667i)/(s + 1 + 3.0i) + 1/s)

程序运行结果为:

f =

1 + (-1 + 1667/500 * i) * exp(-t) * cos(3 * t)

则式6-6微分方程的解为

$$c(t) = 1 + \left(-1 + \frac{1667}{500}i \right) \cos(3t) e^{-t} \quad (6-11)$$

(六)用 MATLAB 软件绘制式(6-11)$c(t)$ 的曲线

> > f = sym(´c´);

> > ezplot(c,0.1,400);

上述操作中,由于是在同一命令窗口进行连续操作,已定义的符号变量在后续的操作中不需要再定义。

 任务小结

手工求解微分方程难度较大,过程繁琐,如采用 MATLAB 则可用多项式操作函数、拉氏变换函数和绘图函数进行求解,难度降低。

模块 2 MATLAB 在自动控制系统时域分析中的应用

 任务目标

【知识目标】

1. MATLAB 传递函数的格式和使用。

2. 掌握阶跃响应函数的格式及使用。

【能力目标】

具备使用 MATLAB 函数编写 M 文件程序、对系统进行时域分析的能力。

 任务描述

自动控制系统时域分析是通过求系统的微分方程的根,然后从微分方程的解出发,逐

步对系统的性能进行分析。采用 MATLAB 编程的方法可使分析变得简单快捷。任务介绍了 MATLAB 时域分析的函数,同时也介绍了运用 MATLAB 时域分析的基本步骤。

 相 关 知 识

一、传递函数在 MATLAB 中的表达形式

（一）线性系统的传递函数有理函数形式

$$G(s) = \frac{b_m s^m + b_{m-1} s^{m-1} + \cdots + b_1 s + b_0}{a_n s^n + a_{n-1} s^{n-1} + \cdots + a_1 s + a_0} \qquad (6-12)$$

采用下列命令格式可以方便地把传递函数模型输入到 MATLAB 环境中:

（1）num $= [b_{m-1} b_{m-2} b_{m-3} \cdots b_1]$,num 为分子系数向量 Numerator 的英文缩写;

（2）den $= [a_{n-1} a_{n-2} a_{n-3} \cdots a_1]$,den 为分母系数向量 Denominator 的英文缩写。

也就是将系统的分子和分母多项式的系数按降幂的方式以向量的形式赋给两个向量"num"和"den"。

若要在 MATLAB 环境下得到传递函数的形式,可以调用 tf( ) 函数。该函数的调用格式为

$\qquad$ sys $=$ tf(num, den)

其中"num,den"分别为系统的分子和分母多项式系数向量。返回的变量"sys"为传递函数形式。如下面传递函数

$$G(s) = \frac{s^3 + 5s^2 + 3s + 2}{s^4 + 2s^3 + 4s^2 + 3s + 1}$$

在 MATLAB 中就可表示为

$\qquad$ num $= [1 5 3 2]$; den $= [1 2 4 3 1]$

则 MATLAB 的传递函数表示为:sys $=$ tf(num, den)。

（二）传递函数的零极点增益表示形式

$$G(s) = k \frac{(s-z_1)(s-z_2) \cdots (s-z_m)}{(s-p_1)(s-p_2) \cdots (s-p_n)} \qquad (6-13)$$

式中,$z_1, z_2, \cdots, z_m$ 为零点,$p_1, p_2, \cdots, p_n$ 为极点,k 为增益。该函数向量表示形式为

$$z = [z_1 z_2 z_3 \cdots z_m]$$
$$p = [p_1 p_2 p_3 \cdots p_n]$$
$$k = k$$

若要在 MATLAB 环境下得到传递函数的形式,可以调用 zpk( ) 函数。该函数的调用格式为:

$\qquad$ sys $=$ zpk(z, p, k);

其中 z, p, k 分别为系统的零点、极点和增益的系数向量。返回的变量"sys"为传递函数形式,如下面传递函数

$$G(s) = 12 \frac{(s-2)(s-3)(s-14)}{(s-11)(s-5)(s-8)(s-18)}$$

在 MATLAB 中可表示为:

$\qquad$ z $= [2 3 14]$; p $= [11 5 8 18]$; k $= 12$;

则 MATLAB 的传递函数表示为：sys = zpk(z,p,k,)。

（三）传递函数的转换

在实际应用中，经常遇到将有理多项式表示的传递函数模型转换为零极点增益模型，或者将零极点增益模型转化为有理多项式模型。

1.将有理多项式函数转换为零极点增益模型

在 MATLAB 中输入以下语句：

$$[z,p,k] = tf2zp(num,den);$$

2.将零极点增益模型转换为有理多项式模型

在 MATLAB 中输入以下语句：

$$[num,den] = zp2tf(z,p,k);$$

（四）系统的单位响应函数

在 MATLAB 中，对单输入 – 单输出系统，其传递函数为 $G(s) = num(s)/den(s)$，它对各种不同输入函数响应的命令格式如下：

命令格式1

$$step(num,den)或 y = step(num,den,t);$$

该函数一旦运行可画出系统的单位阶跃响应曲线。

命令格式2

$$step(sys1,sys2\cdots);$$

式中 sys1,sys2 为两个系统的闭环传递函数，这一格式主要同时绘制两个以上系统的单位阶跃响应曲线，特别适合系统校正前后曲线的比较。

　任务实施

一、任务

系统的结构框图见图 6 – 10，采用时域分析法分析系统的稳定性，并求出该系统的时域指标，画出其阶跃响应曲线图。

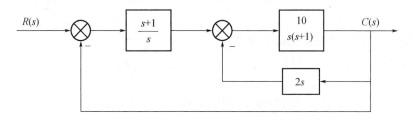

图 6 – 10　系统的结构框图

二、任务实施过程

（一）在桌面启动 MATLAB 软件

（二）建立 M 文件

从 MATLAB 主窗口的"File"菜单中选择"New"菜单项，再选择"M – file"命令，屏幕上将出现 MATLAB 文本编辑器窗口。然后在"File"菜单点击保存，文件名为"steady.m"。

（三）写出系统的闭环传递函数

经过框图化简，其闭环传递函数为

$$\Phi(s) = \frac{\dfrac{s+1}{s} \times \dfrac{10}{s^2+21s}}{1 + \dfrac{s+1}{s} \times \dfrac{10}{s^2+21s} \times 1} = \frac{10s+10}{s^3+21s^2+10s+10}$$

（四）编写程序

在"steady. m"文件中输入以下代码，文件中的代码主要包含两部分：一是系统特征方程的根的代码；二是系统的单位阶跃响应代码。

```
% * * * * * * * * * * * * * * * * * * * * * * * * * * * * * *
num = [10 10];              %闭环传递函数的分子系数向量
den = [1 21 10 10];        %闭环传递函数的分母系数向量
sys = tf(num,den)          %将传递函数转变为MATLAB可识别的传递函数
si = roots(den)            %求系统的特征方程根
% * * * * * * * * * * * * * * * * * * * * * * * * * * * * * *
%系统的单位阶跃响应
step(num,den);
```

（五）运行程序

单击MATLAB的M文件工具栏上的运行按钮，或者在命令窗口输入"steady. m"命令，运行程序。

（六）稳定性分析

程序运行后，系统的特征方程的根为：

si =

　　　-20.5368

　　　$-0.2316 + 0.6582i$

　　　$-0.2316 - 0.6582i$

由此可见，系统的特征方程的根的实部全部小于零，根据稳定的充要条件判断，系统是稳定的。

（七）系统的单位阶跃响应曲线和动态指标

1. 阶跃响应曲线见图6-11

2. 系统的动态指标确定

（1）在MATLAB绘制的单位阶跃响应曲线图形窗口（"figure"）右单击，会出现图6-12的快捷菜单。

（2）点击"Characteristics（特性）"子菜单，则该菜单会展开，该子菜单的主要用途为：

Peak Response（峰值响应）——确定最大超调量 σ 和峰值时间 t_p；

Setting Time（设置时间）——确定调节时间 t_s；

Rise Time（上升时间）——确定上升时间 t_r；

Steady State——确定稳态时间。

其中前三个用于确定系统的动态指标。

（3）依次点击"Characteristics"中的下一级菜单

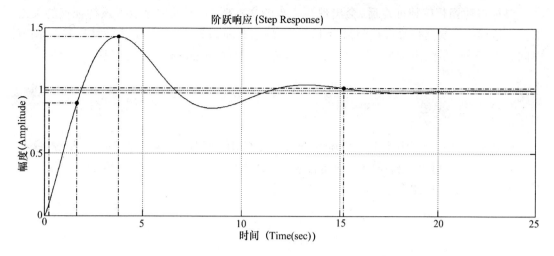

图 6 – 11 系统的单位阶跃响应曲线

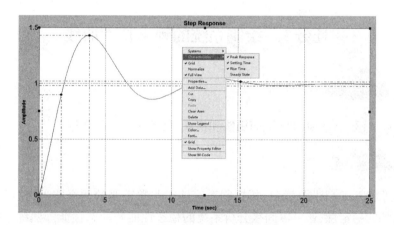

图 6 – 12 确定系统动态指标的 Characteristics（特性）菜单

　　依次点击后，会出现图 6 – 12 显示的情况。图中显示了最大峰值点（最大超调量）、调节时间特征点和上升时间特征点。

　　(4)依次将鼠标移动到各特征点，会出现图 6 – 13 所示的情况。

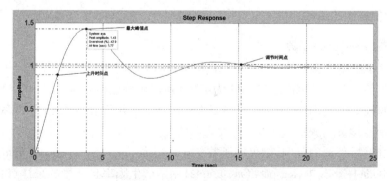

图 6 – 13 动态指标的动态读取

鼠标移动到相应特征点后,会出现一个小的文本框,文本框中显示了该特征点的关键数据。这样可依次读得最大超调量为 42.9%,峰值时间为 3.77 s,上升时间为 1.42 s,调节时间为 15.2 s。虽然该系统稳定,但动态性能较差,说明系统的稳定程度较差。

任务小结

在系统的时域分析中所用 MATLAB 函数主要有 tf( ) 函数、roots 函数、step( ) 函数,这些函数的组合运用,可以分析系统的稳定性和动态性能。因此,正确掌握函数的格式及使用对分析控制系统的性能有很大的帮助。

模块 3　MATLAB 在频域分析中的应用

任务 1　绘制系统的频率特性曲线

任务目标

掌握 bode( ) 和 nyquist( ) 函数的用法和格式,具备熟练的程序绘图能力。

任务描述

Bode 图和 Nyquist 图是频域分析控制系统性能非常重要的两个图形,这两个图形主要用于分析系统的稳定性,还可以间接分析系统的稳态性能和动态性能。熟练掌握两种图形的绘制,有助于正确分析控制系统的性能。本任务通过直流调速系统的频率特性曲线的绘制,来培养学生使用 MATLAB 绘图的基本技能。

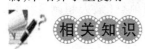
相关知识

一、绘制伯德图的函数

(一) bode(num,den) 函数

该函数表示绘制传递函数为 $G(s) = num(s)/den(s)$ 时系统的 Bode 图,并在同一幅图中,分上、下两部分生成幅频特性(以 dB 为单位)和相频特性(以 rad/s 为单位)。该函数没有给出明确的频率 ω 范围(频率 ω 在 MATLAB 中用 w 表示),由系统根据频率响应的范围自动选取 ω 值绘图。

若具体给出频率 ω 的范围,则可用函数 $w = logspace(m,n,npts)$;bode(num,den,w);来绘制系统的 Bode 图。其中,logspace(m,n,npts) 用来产生频率自变量的采样点,即在十进制数 10^m 和 10^n 之间,产生 npts 个用十进制对数分度的等距离点。采取点数 npts 的具体值由用户确定。

（二）$[\mathrm{mag},\mathrm{phase},w]=\mathrm{bode}(\mathrm{num},\mathrm{den})$和$[\mathrm{mag},\mathrm{phase},w]=\mathrm{bode}(\mathrm{num},\mathrm{den},w)$函数

这两个函数为指定幅值范围和相角范围内的 Bode 图调用格式。

$[\mathrm{mag},\mathrm{phase},w]=\mathrm{bode}(\mathrm{num},\mathrm{den})$表示生成的幅值 mag 和相角值 phase 为列向量,并且幅值不以 dB 为单位。

$[\mathrm{mag},\mathrm{phase},w]=\mathrm{bode}(\mathrm{num},\mathrm{den},w)$表示在定义的频率 w 范围内,生成的幅值 mag 和相角值 phase 为列向量,但幅值不以 dB 为单位。

利用下列表达式可以把幅值转变成以 dB 为单位:

$\mathrm{magdB}=20\times\log10(\mathrm{mag})$

另外,对于这两个函数,还必须用绘图函数 subplot(211),semilogx(w,magdB) subplot(212),semilogx(w,phase)才可以在屏幕上生成完整的 Bode 图,其中,semilogx 函数表示以 dB 为单位绘制幅频特性曲线。

二、nyquist( )函数

函数 nyquist( )的功能是求系统的奈氏曲线,格式为:

　　nyquist(num,den)

当用户需要指定频率 w 时,可用函数 nyquist(num,den,w)。

系统的频率响应是在那些给定的频率点上得到的。

nyquist 函数还有两种等号左边含有变量的形式:

　　$[\mathrm{re},\mathrm{im},\mathrm{w}]=\mathrm{nyquist}(\mathrm{num},\mathrm{den})$

　　$[\mathrm{re},\mathrm{im},\mathrm{w}]=\mathrm{nyquist}(\mathrm{num},\mathrm{den},w)$

通过这两种形式的调用,可以计算频率特性 $G(\mathrm{j}\omega)$ 的实部(Re)和虚部(Im),但是不能直接在屏幕上产生奈氏图,需通过调用 plot(re,im)函数才可得到奈氏图。

 **任 务 实 施**

一、任务

某单闭环直流调速系统的结构框图见图 6 – 14。结构图中各环节的参数为 $K_\mathrm{p}=21$, $K_\mathrm{s}=44$,$T_1=0.017\mathrm{s}$,$T_\mathrm{m}=0.075\mathrm{s}$,$C_\mathrm{e}=0.192\ 5$,$R=1$,$T_\mathrm{s}=0.001\ 67\mathrm{s}$,$\alpha=0.011\ 58$。绘制直流调速系统的伯德图和奈奎斯特图。

二、任务实施过程

（一）写出系统的开环传递函数

$$
\begin{aligned}
G(s) &= K_\mathrm{p}\times\frac{K_\mathrm{s}}{T_s s+1}\times\frac{1}{C_\mathrm{e}(T_\mathrm{m}T_1 s^2+T_\mathrm{m}s+1)}\\
&=21\times\frac{44}{0.001\ 67s+1}\times\frac{1}{(0.075\times0.017s^2+0.075s+1)\times0.192\ 5}\\
&=56\times\frac{1}{0.001\ 67s+1}\times\frac{1}{0.001\ 275s^2+0.075s+1}
\end{aligned}
$$

（二）启动 MATLAB 软件

从桌面启动 MATLAB 软件。

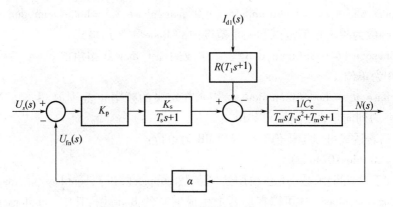

图 6 – 14 单闭环直流调速系统的结构图

（三）创建 M 文件

创建顺序为："File→New→M – file"。并将默认的文件保存为"File→Save as→E：\ Bode. m"。

（四）编写程序

在 M 文件中输入以下代码：

```
% * * * * * * * * * * * * * * * * * * * * * * * * * * * *
% 将传递函数化简为多项式表示形式
    num1 = [1];                   % G(s)中电机传递函数的分子行矩阵。
den1 = [0.00167 1];               % G(s)中惯性环节的分母行矩阵。
    tf1 = 56 * tf(num1,den1);     % 比例环节与惯性环节函数的乘积。
num2 = [1];                       % G(s)中电机传递函数的分子行矩阵。
    den2 = [0.001275 0.075 1];    % G(s)中电机传递函数的分母行矩阵。
    tf2 = tf(num2,den2);          % G(s)中电机传递函数表示。
    G = tf1 * tf2                 % 比例、惯性和电机等传递函数的乘积。
% * * * * * * * * * * * * * * * * * * * * * * * * * * * *
% 绘制 Bode 图
grid;                             % 给图形加网格线
    figure(1);                    % 给 bode 图创建图形窗口对象。
num = [56];                       % 化简后的传递函数的分子。
    den = [0.000002129 0.0014 0.07667 1];    % 化简后的传递函数的分母。
bode(num,den)                     % 绘制直流调速系统的开环对数频率特性曲线。
% * * * * * * * * * * * * * * * * * * * * * * * * * * * *
% 绘制 nyquist 图
figure(2);                        % 给 nyquist 图创建图形窗口对象。
nyquist(num,den);
% * * * * * * * * * * * * * * * * * * * * * * * * * * * *
```

（五）程序运行结果

命令窗口显示的结果为

Transfer function：

$$\frac{56}{2.129e-006\ s^3 + 0.0014\ s^2 + 0.07667\ s + 1}$$

绘制的 Bode 图和 Nyquist 图分别见图 6 – 15(a)和图 6 – 15(b)。

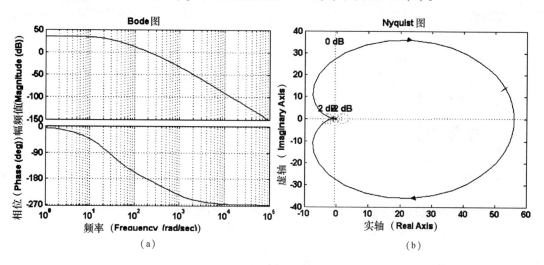

(a)　　　　　　　　　　　(b)

图 6 – 15　直流调速系统的开环对数频率特性曲线与频率特性曲线

(a)bode 图；(b)nyquist 图

 任 务 小 结

　　系统的 Bode 图和 Nyquist 图主要用于系统的稳定性分析,用好 bode( )和 nyquist( )两个函数就可以画出图形,至于图形的标题、坐标轴字体大小、图形标注等,可用图形窗口本身的属性直接设定,不用在程序中设定,这样可提高绘图的效率和图形的美观度。

任务 2　应用 MATLAB 进行系统校正

 任 务 目 标

　　掌握 margin( )函数的语法,具备用 MATLAB 求取系统稳定裕量和对系统校正的能力。

 任 务 描 述

　　稳定裕量是用于描述系统的相对稳定程度的指标,可分为增益裕量和相位裕量两个指标,MATLAB 的 margin( )函数可直接求出这两个指标,并画出系统的 Bode 图,掌握该函数和前面任务所学到的 MATLAB 有关函数,便于用 MATLAB 进行系统校正。

 相 关 知 识

　　相位裕量和增益裕量求取的函数为 margin( ),该函数有三种使用格式:

1. $[gm,pm,wcg,wcp] = margin(mag,phase,w)$

此函数的输入参数是幅值(不是以 dB 为单位)、相角与频率的矢量,它们是由"bode"或"nyquist"命令得到的。函数的输出参数是增益裕量 G_m(不是以 dB 为单位的)、相位裕量 P_m(以角度为单位)、相位为 $-180°$ 处的频率 Wcg、增益为 0 dB(横轴)处的频率 Wcp。

2. $margin(num,den)$

此函数可计算系统的相位裕度和增益裕量,并绘制出 Bode 图。这种使用格式要重点掌握。

3. $margin(mag,phase,w)$

此格式中没有输出参数,但可以生成带有裕量标记(垂直线)的 Bode 图,并且在曲线上方给出相应的幅值裕量和相位裕量,以及它们所取得的频率。

任 务 实 施

一、任务

某随动控制系统的控制框图见图 6 – 16,分析系统的性能,并用比例微分调节器校正该系统。

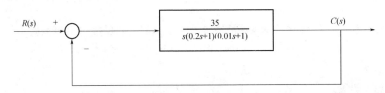

图 6 – 16 某单位负反馈系统的结构图

二、任务实施过程

(一)原有系统的分析

1. 系统的开环传递函数

$$G(s) = \frac{35}{s(0.2s+1)(0.01s+1)} \quad (\text{零极点增益模型})$$

$$= \frac{35}{0.002s^3 + 0.21s^2 + s} \quad (\text{有理多项式模型})$$

2. 用 M 文件绘制 Bode 图和 Niquist 图

(1)建立 M 文件

依次单击"File→New→M – File"菜单,会出现图 6 – 17 的 M 文件窗口。

(2)另存 M 文件

依次单击"File→Save As→E:\bode. m"菜单,在文件对话框中,输入"Bode"文件名,点击"保存"按钮。

(3)编写程序

在新建的"Bode. m"文件中输入以下程序:

%＊＊＊＊＊＊＊＊＊＊＊＊＊＊＊＊＊＊＊＊＊＊＊＊＊＊＊＊＊＊＊＊＊＊＊＊

图 6 - 17　M 文件窗口

```
num = 35 * [1];
den = [0.02 0.21 1 0];
sys = tf(num, den);
figure(1);                        % 建立绘图窗口
nyquist(sys);                     % 在绘图窗口 1 绘制奈奎斯特图
figure(2);                        % 建立绘图窗口 2
margin(sys);                      % 在绘图窗口 2 绘制 bode 图
% * * * * * * * * * * * * * * * * * * * * * * * * * * * * * *
```

(4)点击"File"文件菜单,保存"Bode. m"文件。

(5)在命令窗口输入命令"Bode"或直接在 M 文件窗口点击"RUN"按钮,运行所编程序。完成了 Bode 图和 Nyquist 图绘制,见图 6 - 18 和图 6 - 19。

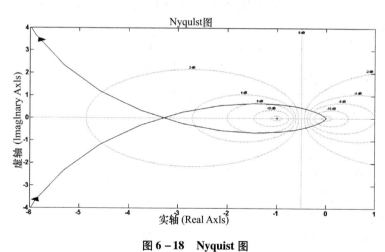

图 6 - 18　Nyquist 图

3. 判断系统的稳定性

(1)用奈奎斯特稳定判据判断

由图 6 - 18 可看出,开环幅相频率特性曲线包围(- 1, j0)点,系统是不稳定的。

(2)用对数频率判据判断系统的稳定性

从图 6 - 19 可看出,过增益穿越频率 ω_c 这一点做平行于纵轴的直线,与相频特性曲线交于一点,该交点位于 - 180°线的下方,说明系统是不稳定的,且增益裕量 P_m 和相位裕量 G_m 均为负值。

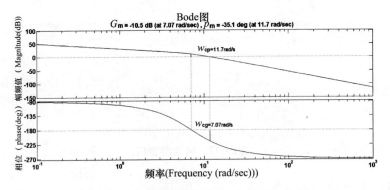

图 6 - 19　带增益裕量和相位裕量的 Bode 图

(二)系统的校正

在系统的前向通路中串联一个比例微分(PD)调节器,调节器参数的确定见"项目 5→模块 1→任务 2",PD 调节器的传递函数为

$$G_c(s) = 0.2s + 1$$

1. 校正后系统的开环传递函数和闭环传递函数

开环传递函数为

$$G(s) = G_c(s) \times \frac{35}{s(0.2s+1)(0.01s+1)}$$

$$= \frac{35(0.2s+1)}{s(0.2s+1)(0.01s+1)} = \frac{35}{0.01s^2 + s}$$

闭环传递函数为

$$\Phi(s)\frac{G(s)}{1+G(s)} = \frac{35}{0.01s^2 + s + 35}$$

2. 编写程序

修改 Bode.m 文件中的程序为:

```
%  *  *  *  *  *  *  *  *  *  *  *  *  *  *  *  *  *  *  *  *  *  *  *  *  *
num = 35 * [1];
den = [0.01 1 0];
num1 = 35 * [1];
den1 = [0.01 1 35];
sys1 = tf(num,den);            % 建立开环传递函数
sys2 = tf(num1,den1);          % 建立闭环传递函数
figure(1);                     % 建立绘图窗口
nyquist(sys1);                 % 在绘图窗口 1 绘制奈奎斯特图
figure(2);                     % 建立绘图窗口 2
margin(sys1);                  % 在绘图窗口 2 绘制 Bode 图。
figure(3);                     % 建立绘图窗口 3
step(sys2)                     % 绘制系统的阶跃响应曲线图
%  *  *  *  *  *  *  *  *  *  *  *  *  *  *  *  *  *  *  *  *  *  *  *  *  *
```

3. 稳定性分析

运行程序后,从图 6 – 20 可见,系统的开环幅相频率特性曲线不包围(– 1j,0)点,且曲线远离临界稳定点,从图 6 – 21 中可见,校正后的系统相位裕量 P_m 和增益裕量 G_m 均大于零,说明系统是稳定的,且相位裕量 P_m 由原来的 – 35.1°增加到 71.6°,增益裕量由 – 10.5 dB 增加到无穷大,说明比例微分调节器(PD)明显改善了系统的稳定性。

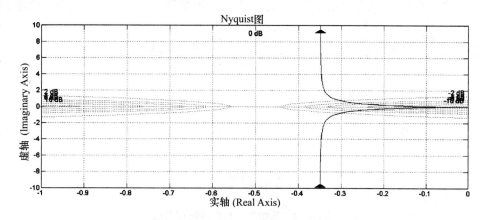

图 6 – 20　校正后系统的开环幅相频率特性曲线

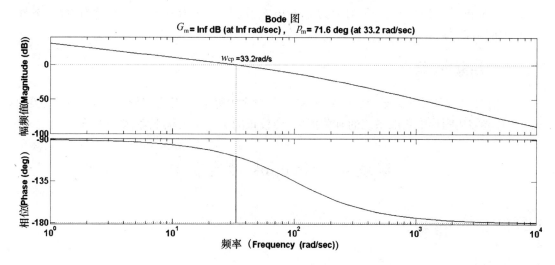

图 6 – 21　校正后系统的开环对数频率特性曲线

4. 稳态性能分析

对于随动系统,一般输入随时间变化的单位斜坡信号来计算跟随稳态误差。由校正后的开环传递函数可看出,系统的型别依然为 I 型。

$$e_{ssr} = \lim_{s \to 0} \frac{s^{(v+1)}}{35} \times \frac{1}{s^2} = \frac{1}{35}$$

系统的跟随稳态误差不为零,说明系统是有差系统。

5. 动态性能分析

输入单位阶跃信号后,系统的过渡曲线见图 6 – 22。

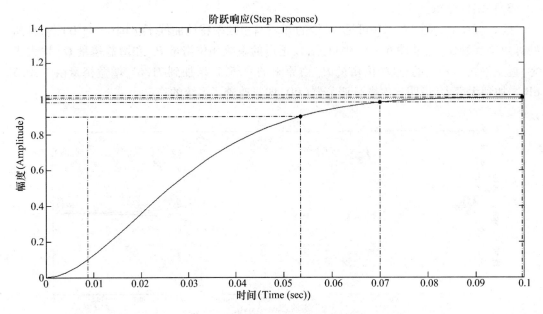

图 6 - 22　系统的单位阶跃响应曲线

由图 6 - 22 可看出(从单位阶跃响应响应曲线图上获取动态指标的方法见"模块 2"),校正后系统的最大超调量为 0.696%,调节时间为 0.070 1 s,系统的动态性能得到明显改善。

 任 务 小 结

采用 MATLAB 校正系统,代码少,可在一个程序中完成校正前和校正后系统的有关图形绘制,能够从图形中获取系统的有关指标,使校正的工作量大幅下降,效率明显提升。

模块 4　Simulink 动态仿真

 任 务 目 标

【知识目标】

掌握 Simulink 模块库的使用。

【能力目标】

具备使用 Simulink 仿真工具搭建系统模型,并对自动控制系统进行仿真的能力。

 任 务 描 述

Simulink 中的"Simu"一词表示可用于计算机仿真,而"Link"一词表示它能进行系统连接,即把一系列模块连接起来,构成复杂的系统模型。作为 MATLAB 的一个重要组成部分,Simulink 由于它所具有的上述的两大功能和特色,以及所提供的可视化仿真环境、快捷简便的操作方法,而使其成为目前最受欢迎的仿真软件。熟练使用 Simulink 仿真工具,有利于培

养学生定量分析系统的能力。

 相 关 知 识

一、Simulink 模块库

（一）Sources 库

Sources 库也可称为信号源库,见图 6 – 23。该库包含了可向仿真模型提供信号的模块。它没有输入口,但至少有一个输出口。双击图标 ▦,即弹出该库的模块图。在该图中的每一个图标都是一个信号模块,这些模块均可拷贝到用户的模型窗里。用户可以在模型窗里根据自己的需要对模块的参数进行设置(但不可在模块库里进行模块的参数设置),模块库的启动见“任务实施”。

1. Sine Wave 正弦信号模块

该模块产生幅值、频率可设置的正弦波信号。双击图标 ⬚(认定该模块已拷贝到用户模型窗,以下均如此),弹出正弦波的参数设置见图 6 – 24。图中参数为 Simulink 默认值,用户可根据需要对这些参数重新设置。

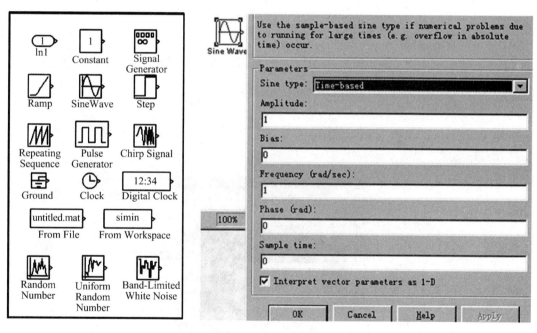

图 6 – 23　Source 模块库　　　　　　　图 6 – 24　正弦信号模块

2. Step 阶跃信号模块

产生幅值、阶跃时间可设置的阶跃信号。双击图标 ⬚,弹出阶跃信号的参数设置见图 6 – 25。图中参数为 Simulink 默认值。

（二）Sinks 库

该库包含了显示模块、写模块和输出模块。双击 ▦ 即弹出该库的模块图见图 6 – 26,可显示其模块库。

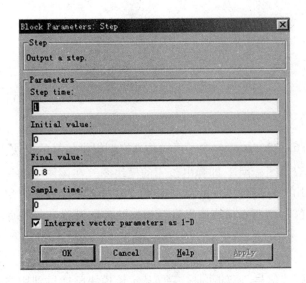

图 6 – 25　阶跃信号模块参数设置

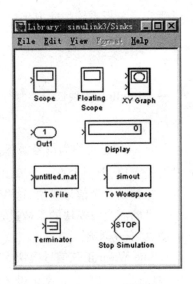

图 6 – 26　Sinks 模块库

1. 数字表模块

双击 显示指定模块的输出数值。

2. X – Y 绘图仪模块

X – Y 绘图仪用同一图形窗口,显示 X – Y 坐标的图形(需先在参数对话框中设置每个坐标的变化范围)。双击 图标可观看已画的图形。

3. 示波器模块

显示在仿真过程产生的信号波形。双击该 图标,弹出示波器窗口见图 6 – 27。示波器属性对话框设置见图 6 – 27 至图 6 – 29。

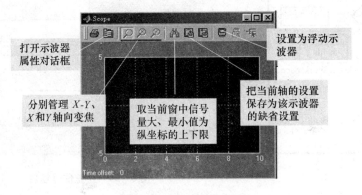

图 6 – 27　示波器的界面

(三)Continuous 库

该库包含描述线性连续函数的模块。双击 即进入"Continuous"见图 6 – 30。

1. 微分环节。

其输出为其输入信号的微分。双击 可设置该模块的参数。

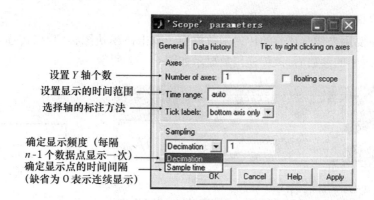

设置 Y 轴个数
设置显示的时间范围
选择轴的标注方法
确定显示频度（每隔
n-1 个数据点显示一次）
确定显示点的时间间隔
（缺省为 0 表示连续显示）

图 6 – 28   示波器的属性对话框

设定缓冲区接受数
据的长度，勾选为
缺省状态，其值为
5 000
确定示波器数据是
否 保 存 到
MATLAB 工作空间，
若勾选则为保存，
且需确定变量名和
保存格式（缺省时，
不被勾选）

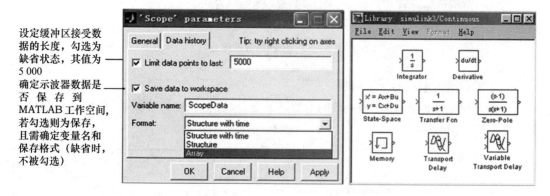

图 6 – 29   示波器的属性对话框   图 6 – 30   Continuous 库

2.积分环节

其输出为其输入信号的积分。双击该模块图标 ，弹出积分器的参数对话框见图
6 – 31，可设置积分器的复位、积分上限和下限等。当设置为信号下跳过零复位、积分器限
幅为 ±5 时，积分器对谐波输入的输出如图 6 – 31 所示。

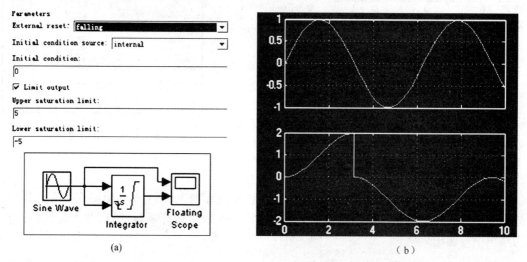

(a)   （b）

图 6 – 31   积分环节的参数值设置、仿真模型及示波器输出

3.分子分母为多项式形式的传递函数

该模块主要用来建立环节的传递函数模型。双击该模块图标,弹出传递函数的参数对话框,设置框图中的参数后,该传递函数显示如图 6－32 所示。

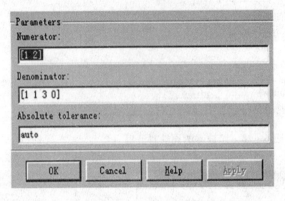

图 6－32　传递函数的建立

4.零极点增益形式的传递函数

双击该模块图标,弹出传递函数的参数对话框,设置框图中的参数后,该传递函数显示如图 6－33。

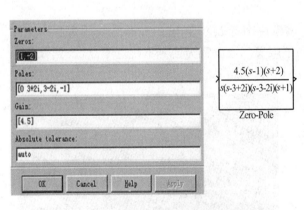

图 6－33　零极点增益形式的传递函数模型建立

图 6－34　Math 库模块

(四)Math 库(数学运算库)

该库包含描述一般数学函数的模块。双击该模块库的图标 即弹出图 6－34 的界面。该库中模块的功能就是将输入信号按照模块所描述的数学运算函数计算,并把运算结果作为输出信号输出。

1.加法器

该模块( )为求和装置,输入信号个数和符号可设置,如图 6－35 框图。

2. 符号函数

该模块(▦)的输出是对输入信号进行符号运算的结果。图 6 - 36 为对正弦信号经符号运算后的波形。

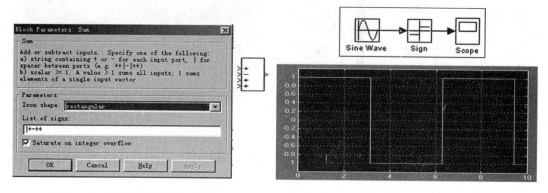

图 6 - 35　加法器模块参数对话框

图 6 - 36　符号函数运算结果

3. 选函数模块

该函数模块(▱)可按用户要求,从 MATLAB 库中选定一个标准的数学函数。图6 - 37 为该函数的参数设置框。点击函数设置的下拉窗口,可选择所需要的函数。选定函数后,该模块图标将显示所选函数。如选择"Square",则模块图标变为求平方的函数模块见图 6 - 37。

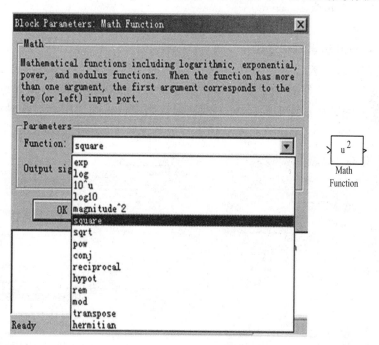

图 6 - 37　选函数模块操作

（五）Signals & Systems 库（信号与系统库）

1. 信号分路器(▮)

将混路器输出的信号依照原来的构成方法分解成多路信号,可参考图 6 - 38。

2. 信号汇总器(☆)

将多路信号依照向量的形式混合成一路信号,其使用见图6-38。

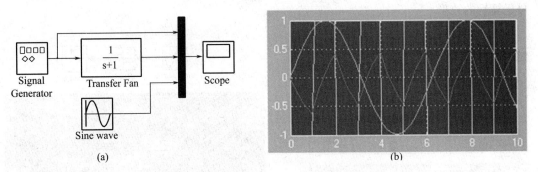

(a)   (b)

图6-38　信号汇总器的使用

二、仿真参数对话框

点击Simulink模型窗"Simulation"菜单下的"Parameters"命令,弹出仿真参数对话框如图6-39所示。它共有5个标签,用得较多的是"Solver"页和"Workspace I/O"页。

Simulation time(仿真时间):设置Start time(仿真开始时间)和"Stop time"(仿真终止时间)可通过页内编辑框内输入相应数值,单位"秒"。另外,用户还可以利用Sinks库中的Stop模块来强行中止仿真。

（一）Solver页

1. Solver options(仿真算法选择)

仿真参数设置及算法选取见图6-39,仿真算法分为定步长算法和变步长算法两类。定步长支持的算法可在"Fixed step size"编辑框中指定步长或选择auto,由计算机自动确定步长,离散系统一般默认选择定步长算法,在实时控制中则必须选用定步长算法;变步长支持的算法如图6-40所示,对于连续系统仿真一般选择ode45,步长范围使用"auto"项。

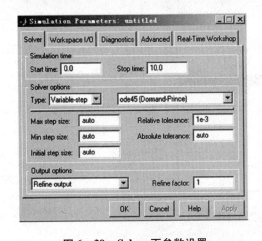

图6-39　Solver页参数设置

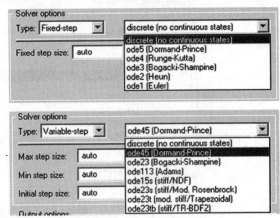

图6-40　Solver页仿真算法

2. Error Tolerance(误差限度)

算法的误差是指当前状态值与当前状态估计值的差值,分为Relative tolerance(相对限度)和 Absolute tolerance(绝对限度),通常可选 auto,见图 6 – 41。

（二）Workspace I/O 页

这个页面的作用是定义将仿真结果输出到工作空间,以及从工作空间得到输入和初始状态,见图 6 – 42。

1. Load from workspace

勾选相应方框表明从工作空间获得输入或初始状态。若勾选"Input",则工作空间提供输入,且为矩阵形式。输入矩阵的第一列必须是升序的时间向量,其余列分别对应不同的输入信号。

2. Save to workspace

勾选相应方框表明保存输出到 MATLAB 工作空间。"time"和"output"为缺省选中的。即一般运行一个仿真模型后,在 MATLAB 工作空间都会增加两个变量 tout、yout。变量名可以设置。

3. Save options(存储选项)

存储数据到工作空间的格式,可选数组、构架数组、包含时间数据的构架数组。

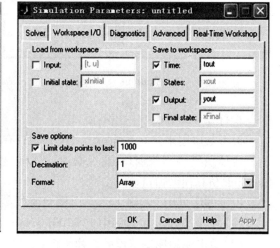

图 6 – 41　仿真时间的设置　　　　图 6 – 42　Workspace I/O 页

一、任务

完成 Simulink 的基本操作(打开 Simulink 模型库、建立仿真模型和运行仿真程序)。

二、任务实施过程

（一）Simulink 的基本操作

1. 启动 Simulink

单击"MATLAB Command"窗口工具条上的"Simulink"图标,或者在 MATLAB 命令窗口输入"Simulink",即弹出图示的模块库窗口界面"Simulink Library Browser"。该界面右边的窗口给出 Simulink 所有的子模块库,见图 6 – 43。

常用的子模块库有"Sources（信号源）""Sink（显示输出）""Continuous（线性连续系统）""Discrete（线性离散系统）""Function & Table（函数与表格）""Math（数学运算）""Discontinuities（非线性）""Demo（演示）"等。

2. 启动 Simulink 子模块库

每个子模块库中包含同类型的标准模型，这些模块可直接用于建立系统的 Simulink 框图模型。用鼠标左键点击某子模块库（如"Continuous"），Simulink 浏览器右边的窗口即显示该子模块库包含的全部标准模块，见图 6－44。

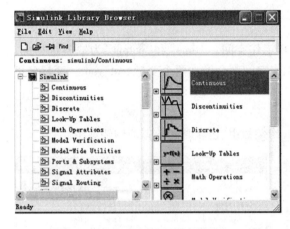

图 6－43　Simulink 模块库窗口

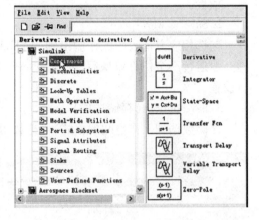

图 6－44　Simulink 子模块模块库展开图

3. 打开 Simulink 空白模型窗口

模型窗口用来建立系统的仿真模型。只有先创建一个空白的模型窗口，才能将模块库的相应模块复制到该窗口，通过必要的连接，建立起 Simulink 仿真模型也将这种窗口称为 Simulink 仿真模型窗口。

以下方法可用于打开一个空白模型窗口：

（1）在 MATLAB 主界面中选择"File：New（Model"菜单项；

（2）单击模块库浏览器的新建图标；

（3）选中模块库浏览器的"File ：New Model"菜单项。

所打开的空白模型窗口如图 6－45 所示。

（二）建立 Simulink 仿真模型

1. 打开 Simulink 模型窗口（"Untitled"）。

在 Simulink 模型或模块库窗口内，用鼠标左键单击所需模块图标，图标四角出现黑色小方点，表明该模块已经选中，见图 6－46。

2. 模块拷贝、删除和调整

（1）在模块库中选中模块后，按住鼠标左键不放并移动鼠标至目标模型窗口指定位置，释放鼠标即完成模块拷贝。

（2）模块的删除只需选定删除的模块，按 Del 键即可。见图 6－47 和图 6－48。

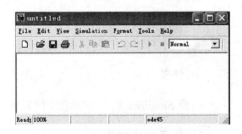

图 6－45　Simulink 模型窗口

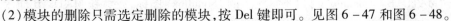

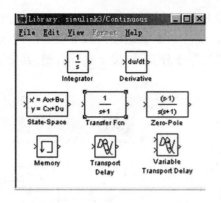

图 6 - 46　选取模块或模块组

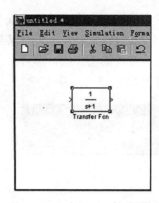

图 6 - 47　模块拷贝及删除

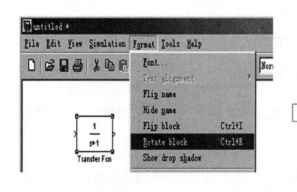

图 6 - 48　模块的调整

3. 模块参数设置

用鼠标双击指定模块图标,打开模块对话框,根据对话框栏目中提供的信息进行参数设置或修改。例如双击模型窗口的传递函数模块,弹出图示对话框,在对话框中分别输入分子、分母多项式的系数,点击"OK"按钮,完成该模型的设置,如图 6 - 49 所示。

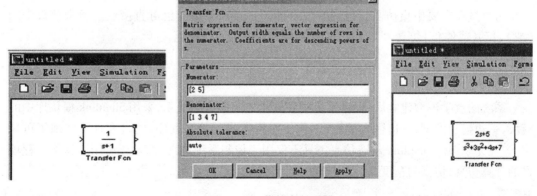

图 6 - 49　模块参数设置

4. 模块的连接

模块之间的连接是用连接线将一个模块的输出端与另一模块的输入端连接起来;也可

以用分支线把一个模块的输出端与几个模块的输入端连接起来。

连接线生成是将鼠标置于某模块的输出端口（显一个十字光标），按下鼠标左键拖动鼠标置另一模块的输入端口即可。分支线则是将鼠标置于分支点，按下鼠标右键，其余同上，其操作见图6–50。

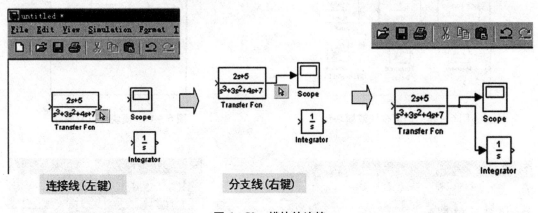

图6–50　模块的连接

模块的修改、调整、连接通常只能在仿真模型窗口中进行，不要直接对模块库中的模块进行修改或调整。

5. 模块文件的取名和保存

选择模型窗口菜单"File→Save as"后弹出一个"Save as"对话框，填入模型文件名，按保存"s"即可，见图6–51。

（三）系统的仿真运行

1. 打开 Simulink 仿真模型窗口，或打开指定的. mdl 文件。

2. 设置仿真参数：在模型窗口选取菜单"Simulation：Parameters"，弹出"Simulation Parameters"对话框，设置仿真参数，然后按"OK"即可，见图6–52。

3. 仿真运行和终止

在模型窗口选取菜单"Simulation:Start"，仿真开始，至设置的仿真终止时间，仿真结束。若在仿真过程中要中止仿真，可选择"Simulation:Stop"菜单。也可直接点击模型窗口中的（或）启动（或停止）仿真。

系统的数学模型建立后，根据系统中各变量之间的因果关系，采用 Simulink 模块库中的模块，一边搭建模型，一边输入模型，不再使用程序代码编写程序，仿真和计算实现了可视化，方便易掌握。Simulink 动态仿真工具不仅用于控制系统仿真，而且还可用于其他工程项目的计算仿真，仿真的精度高，使用方便，因此获得了广泛应用。

MATLAB 是现今国内外广泛使用的工程应用软件，它的突出特点是功能强大、界面友好、使用方便。运用 MATLAB 软件对自动控制系统进行计算机辅助分析与设计非常有效。

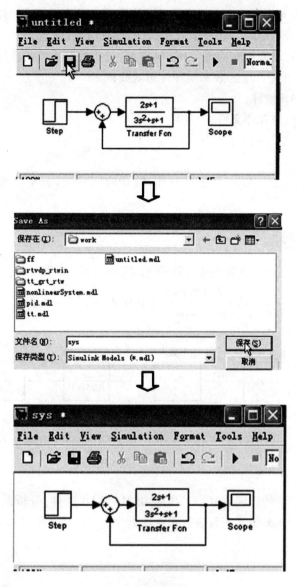

图 6 - 51　模型的保存

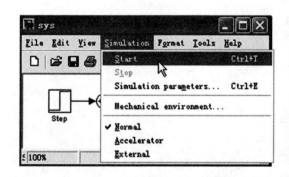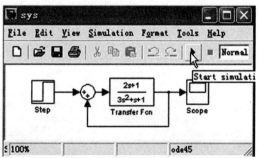

图 6 - 52　设置仿真模型的参数

因此要学会 MATLAB 软件在 PC 上的安装、启动,熟悉它的有关指令,掌握它的数值表示、变量命名、运算符号和表达形式。通过学习和训练能够进行数值运算、绘制二维曲线、处理传递函数、求取输出量对时间的响应等。用 MATLAB 分析控制系统的性能,其步骤为:

(1)写出系统的开环传递函数和闭环传递函数;

(2)启动 MATLAB 软件;

(3)建立 M 文件,并保存文件;

(4)在 M 文件中编写程序;

(5)运行程序;

(6)根据运行结果(伯德图、奈奎斯特图、阶跃响应曲线)分析系统的性能(稳定性、稳态性能和动态性能)。

 项 目 习 题

已知某自动控制系统框图如图 6 – 53 所示,图中的 $G_c(s)$ 为

$$G_c(s) = \frac{K_1(T_1 s + 1)}{T_1 s}, \text{其中 } K_1 = 2, T_1 = 0.5s$$

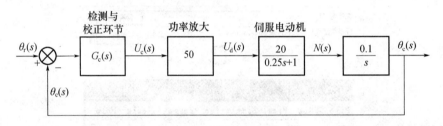

图 6 – 53　习题 1 图

试求出系统的闭环传递函数 $\Phi(s)$,并应用 MATLAB 软件,分析系统的性能,画出系统的 Bode 图、并用 Simulink 仿真工具进行系统仿真。

附录 常用 MATLAB 函数表

表1 语句行用到的编辑键

键盘按键	键的用途	键盘按键	键的用途
↑	向上回调以前输入的语句行	Home	让光标跳到当前行的开头
↓	向下回调以前输入的语句行	End	让光标跳到当前行的末尾
→	光标在当前行中左移一字符	Delete	删除当前行光标后的字符
←	光标在当前行中右移一字符	Backspace	删除当前行光标前的字符

表2 MATLAB 语句中常用标点符号的作用

名称	符号	作　　用
空格		变量分隔符;矩阵一行中各元素间的分隔符;程序语句关键词分隔符
逗号	,	分隔欲显示计算结果的各语句;变量分隔符;矩阵一行中各元素间的分隔符
点号	.	数值中的小数点;结构数组的域访问符
分号	;	分隔不想显示计算结果的各语句;矩阵行与行的分隔符
冒号	:	用于生成一维数值数组;表示一维数组的全部元素或多维数组某一维的全部元素
百分号	%	注释语句说明符,凡在其后的字符视为注释性内容而不被执行
单引号	' '	字符串标志符
圆括号	( )	用于矩阵元素引用;用于函数输入变量列表;确定运算的先后次序
方括号	[ ]	向量和矩阵标志符;用于函数输出列表
花括号	{ }	标志细胞数组
续行号	...	长命令行需分行时连接下行用
赋值号	=	将表达式赋值给一个变量

表3 历史命令窗口的主要应用

功能	操作方法
复制单行或多行语句	选中单行或多行语句,执行 Edit 菜单的 Copy 命令,回到命令窗口,执行粘贴操作,即可实现复制
执行单行或多行语句	选中单行或多行语句,右击,弹出快捷菜单,执行该菜单中的 Evaluate Selection 命令,则选中语句将在命令窗口中运行。并给出相应结果。或者双击选择的语句行也可运行
把多行语句写成 M 文件	选中单行或多行语句,右击,弹出快捷菜单,执行该菜单的 Create M – File 命令,利用随之打开的 M 文件编辑/调试器窗口,可将选中语句保存为 M 文件

表4 命令窗口中数据 e 的显示格式

格式	命令窗口中的显示形式	格 式 效 果 说 明
short(默认)	2.7183	保留 4 位小数,整数部分超过 3 位的小数用 short e 格式
short e	2.7183e+000	用 1 位整数和 4 位小数表示,倍数关系用科学计数法表示成十进制指数形式
short g	2.7183	保证 5 位有效数字,数字大小在 10 的正负 5 次幂之间时,自动调整数位多少,超出幂次范围时用 short e 格式
long	2.71828182845905	14 位小数,最多 2 位整数,共 16 位十进制数,否则用 long e 格式表示
long e	2.718281828459046e+000	15 位小数的科学计数法表示
long g	2.71828182845905	保证 15 位有效数字,数字大小在 10 的 +15 和 −5 次幂之间时,自动调整数位多少,超出幂次范围时用 long e 格式
rational	1457/536	用分数有理数近似表示
hex	4005bf0a8b14576a	十六进制表示
+	+	正、负数和零分别用 +、−、空格表示
bank	2.72	限两位小数,用于表示元、角、分
compact	不留空行显示	在显示结果之间没有空行的压缩格式
loose	留空行显示	在显示结果之间有空行的稀疏格式

表5 几个常用的设置当前目录的命令

目录命令	含 义	示 例
cd	显示当前目录	cd
co 文件夹名	设定当前目录为"文件夹名"	cd f:\matfiles
cd..	回到当前目录的上一级目录	cd

表6 工作空间中保存和删除变量的操作方法

功能	操作方法
全部工作空间变量保存为 MAT 文件	右击。在弹出的快捷菜单中执行 Save Workspace As... 命令,则可把当前工作空间中的全部变量保存为外存中的数据文件
部分工作空间变量保存为 MAT 文件	选中若干变量右击,在弹出的快捷菜单中执行 Save Selection As... 命令,则可把所选变量保存为数据文件
删除部分工作空间变量	选中一个或多个变量按鼠标右键弹出快捷菜单。选用 Delete 命令。或执行 MATLAB 窗口的 Edit1Delete 菜单命令,在弹出的 Confirm Delete 对话框中单击"确定"按钮。
删除全部工作空间变量	右击。弹出快捷菜单,执行 Clear Workspaee 命令,或执行 MATLAB 窗口的 Edit Clear Workspace 菜单命令

表7　工作空间管理命令

命令	示例	说明
Save	save lx01 或 save lx02 AB	将工作空间中的变量以数据文件格式保存在外存中
load	load　lx01	从外存中将某数据文件调入内存
who	who	查询当前工作空间中的变量名
whos	whos	查询当前工作空间中的变量名、大小、类型和字节数
clear　format	clear　A　format　bank format compact	删除工作空间中的全部或部分变量 对命令窗口显示内容的格式进行设定
echo	echo on, echo off	用来控制是否显示正在执行的 MATLAB 语句, on 表示肯定, off 表示否定
more	more(10)	规定命令窗口中每个页面的显示行数
clc	clc	消除命令窗口的显示内容
clf	clf	消除图形窗口中的图形内容
cla	cla	消除当前坐标内容
close	close all	关闭当前图形窗口, 加参数 all 则关闭所有图形窗口

表8　帮助命令

命令	示例	说明
help	help mkdir	提供 MATLAB 命令、函数和 M 文件的使用和帮助信息
lookfor	lookfor Z	根据用户提供的关键字去查找相关函数的信息, 常用来查找具有某种功能而不知道准确名字的命令
helpwin	helpwin graphics	打开帮助窗口显示指定的主题信息

表9　MATLAB 特殊变量表

常量符号	常量含义
i 或 j	虚数单位, 定义为 $i^2 = j^2 = -1$
Inf 或 inf	正无穷大, 由零做除数引入此常量
NaN	不定式, 表示非数值量, 产生于 $0/0, \infty/\infty, 0*\infty$ 等运算
pi	圆周率 π 的双精度表示
eps	容差变量, 当某量的绝对值小于 eps 时, 可认为此量为零, 即为浮点数的最小分辨率, PC 上此值为 2^{-52}
Realmin 或 realmin	最小浮点数, 2^{-1022}
Realmax 或 realmax	最大浮点数, 2^{-1023}

表10　矩阵运算符

运算符	名称	示例	法 则 或 使 用 说 明
+	加	$C = A + B$	矩阵加法法则,即 $C(\mathrm{ij}) = A(\mathrm{ij}) + B(\mathrm{ij})$
−	减	$C = A - B$	矩阵减法法则,即 $C(\mathrm{ij}) = A(\mathrm{ij}) - B(\mathrm{ij})$
*	乘	$C = A * B$	矩阵乘法法则
/	右除	$C = A/B$	定义为线性方程组 $X * B = A$ 的解,即 $C = A/B = A * B^{-1}$
\	左除	$C = A \backslash B$	定义为线性方程组 $A * X = B$ 的解,即 $C = A \backslash B = A^{-1} * B$
^	乘幂	$C = A\hat{\ }B$	A、B 其中一个为标量时有定义
´	共轭转置	$B = A'$	B 是 A 的共轭转置矩阵

表11　数组算数运算符

运算符	名称	示例	法则或使用说明
.*	数组乘	$C = A. * B$	$C(\mathrm{ij}) = a(\mathrm{ij}). * B(\mathrm{ij})$
./	数组右除	$C = A./B$	$C(\mathrm{ij}) = A(\mathrm{ij})./B(\mathrm{ij})$
./	数组左除	$C = A./B$	$C(\mathrm{ij}) = B(\mathrm{ij})./A(\mathrm{ij})$
.^	数组乘幂	$C = A.\hat{\ }B$	$C(\mathrm{ij}) = A(\mathrm{ij}).\hat{\ }B(\mathrm{ij})$
.´	转置	$A.'$	将数组的行摆放成列,复数元素不做共轭

表12　关系运算符

运算符	名称	示例	法 则 或 使 用 说 明
<	小于	$A < B$	1. A、B 都是标量,结果是或为1(真)或为0(假)的标量
<=	小于等于	$A <= B$	2. A、B 若一个为标量,另一个为数组。标量将与数组各元素逐一比较,结果为与运算数组列相同的数组,其中各元索取值或1或0
>	大于	$A > B$	3. A、B 均为数组时,必须行、列数分别相同,A 与 B 各对应元素相比较,结果为与 A 或 B 行列相同的数组,其中各元素取值或1或0
>=	大于等于	$A >= B$	
==	恒等于	$A = B$	4. == 和 ~= 运算对参与比较的量同时比较实部和虚部,其他运算只比较实部
~=	不等于	$A \sim= B$	

表13　逻辑运算符

运算符	名称	示例	法则或使用说明
&	与	A&B	1. A、B 都为标量,结果是或为1(真)或为0(假)的标量
|	或	A|B	2. A、B 若一个为标量,另一个为数组,标量将与数组各元素逐一做逻辑运算,结果为与运算数组行列相同的数组,其中各元素取值或1或0
~	非	~A	3. A、B 均为数组时,必须行、列数分别相同,A 与 B 各对应元素做逻辑运算,结果为与 A 或 B 行列相同的数组,其中各元素取值或1或0
&&	先决与	A&&B	
||	先决或	A || B	4. 先决与、先决或是只针对标量的运算

表 14 MATLAB 运算符的优先次序

优先次序	运算符
最高	'(转置共轭),^(矩阵乘幂),.'(转置),.^(数组乘幂)
	~(逻辑非)
	,/(右除),\(左除),.(数组乘),./(数组右除),.\(数组左除)
	+,-
	:(冒号运算)
	<,<=,>,>=,==(恒等于),~=(不等于)
	&(逻辑与)
	|(逻辑或)
	&&(先决与)
最低	||(先决或)

表 15 矩阵 B 的各元素存储次序

次序	元素	次序	元素	次序	元素	次序	元素
1	$B(1,1)$	4	$B(1,2)$	7	$B(1,3)$	10	$B(1,4)$
2	$B(2,1)$	5	$B(2,2)$	8	$B(2,3)$	11	$B(2,4)$
3	$B(3,1)$	6	$B(3,2)$	9	$B(3,3)$	12	$B(3,4)$

表 16 常用矩阵生成函数

函数	功能
zeros(m、n)	生成 $m \times n$ 阶的全 0 矩阵
ones(m,n)	生成 $m \times n$ 阶的全 1 矩阵
rand(m,n)	生成取值在 $0 \sim 1$ 之间满足均匀分布的随机矩阵
randn(m,n)	生成满足正态分布的随机矩阵
eye(m、n)	生成 $m \times n$ 阶的单位矩阵

表 17 数组元素的存储次序(以数组 B 为例)

序号	元素	序号	元素	序号	元素	序号	元素
1	$B(1,1,1)$	4	$B(1,2,1)$	7	$B(1,1,2)$	10	$B(1,2,2)$
2	$B(2,1,1)$	5	$B(2,2,1)$	8	$B(2,1,2)$	11	$B(2,2,2)$
3	$B(3,1,1)$	6	$B(3,2,1)$	9	$B(3,1,2)$	12	$B(3,2,2)$

表 18　常用的逻辑运算函数

函数	功能说明
all(A,n)	分行、列判断 A 中每行、列元素是否全非 0，是则该行、列取 1，非则取 0。$n=l$，表列向判断；$n=2$，表行向判断
any(A,n)	分行、列判断 A 中每行、列元素是否有非 0，是则该行、列取 1，非则取 0。$n=1$，表列向判断；$n=2$，表行向判断
isnan(A)	判断 A 中各元素是否为非数值量(NaN)，是则取 1，非则取 0
isinf(A)	判断 A 中各元素是否为无穷大，是则取 1，非则取 0
isnumeric(A)	判断 A 的元素是否全为数值量，是则返回结果 1，非为 0
isreal(A)	判断 A 的元素是否全为实数量，是则返回结果 1，非为 0
isempty(A)	判断 A 是否为空阵，是则返回结果 1，非为 0
find(A)	用单下标表示返回数组 A 中非 0 元素的下标值

表 19　基本数学函数

函数符号	名称或功能	函数符号	名称或功能
abs	求绝对值或复数的模	log10	以 10 为底的对数
sqrt	开平方	round	四舍五入并取整
angle	求复数相角	fix	向最接近 0 方向取整
real	求复数实部	floor	向接近 $-\infty$ 方向取整
imag	求复数虚部	ceil	向接近 $+\infty$ 方向取整
conj	求复数的共轭	rem(a,b)	求 a/b 的有符号余数
exp	自然指数	mod(c,m)	求 c/m 的正余数
ln	以 e 为底的对数	sign	符号函数
log2	以 2 为底的对数		

表 20　基本三角函数

函数符号	名称或功能	函数符号	名称或功能
sin	正弦	sinh	双曲正弦
cos	余弦	cosh	双曲余弦
tan	正切	tanh	双曲正切
asin	反正弦	asinh	反双曲正弦
acos	反余弦	acosh	反双曲余弦
atan	反正切	atanh	反双曲正切

表 21　常用文件操作函数

类别	函数	说明
文件打开和关闭	fopen	打开文件,成功则返回非负值
	fclose	关闭文件,可用参数'all'关闭所有文件
二进制文件	fread	读文件,可控制读入类型和读入长度
	fwrite	写文件
格式化文本文件	fscanf	读文件,与 C 语言中的 fscanf 相似
	fpintf	写文件,与 C 语言中的 fprintf 相似
	fgetl	读入下一行,忽略回车符
	fgets	读入下一行,保留回车符
文件定位	ferror	查询文件的错误状态
	feof	检验是否到文件结尾
	fseek	移动位置指针
	ftell	返回当前位置指针
	frewind	把位置指针指向文件头
临时文件	tempdir	返回系统存放临时文件的目录
	tempname	返回一个临时文件名

表 22　常用文件操作函数参数设置

permission	功能
'r'	以只读方式打开文件,默认值
'W'	以写入方式打开或新建文件,如果是存有数据的文件,则删除其中的数据,从文件的开头写入数据
'a'	以写入方式打开或新建文件,从文件的最后追加数据
'r+'	以读/写方式打开文件
'W+'	以读/写方式打开或新建文件,如果是存有数据的文件,写入时则删除其中的数据,从文件的开头写入数据
'a+'	以改/写方式打开或新建文件,写入时从文件的最后追加数据
'A'	以写入方式打开或新建文件,从文件的最后追加数据。在写入过程中不会自动刷新当前输出缓冲区,是为磁带驱动器的写入设计的参数
'W'	以写入方式打开或新建文件,如果是存有数据的文件,则删除其中的数据,从文件的开头写入数据。在写入过程中不会自动刷新当前输出缓冲区,是为磁带驱动器的写入设计的参数

表 23　Plot 绘图函数的常用参数

颜色参数	颜色	线型参数	线型	标记符号	标记
y	黄	—	实线	.	圆点
b	蓝	…	点线	○	圆圈
g	绿	—·	点划线	+	加号
m	洋红	——	虚线	*	星号
W	白			×	叉号
C	青			'square'或 s	方块
k	黑			'diamond'或 d	菱形
r	红			^	朝上三角符号
				v	朝下三角符号
				<	朝左三角符号
				>	朝右三角符号
				p	五角星
				h	六角星

表 24　图像格式

格式	含义	格式	含义
'bmp'	Windows 位图（Bitmap）	'pgm'	可导出灰度位图（Portable Graymap）
'cur'	Windows 光标文件格式（Cursor Resources）	'png'	可导出网络图形位图（Portable Network Graphics）
'gif'	图形交换格式（Graphics Interchange Fomtat）	'pnm'	可导出任意映射位图（Portable Anymap）
'hdf'	分层数据格式（Hierarchical Data Format）	'ppm'	可导出像素映射位图（Portable Pixmap）
'ico'	Windows 图标（Icon Resources）	'ras'	光栅位图（Sun Raster）
'jpg' 'jpeg'	联合图像专家组格式（Joint Photographic Experts Group）	'tif' 'tiff'	标签图像文件格式（Tagged Image File Format）
'pbm'	可导出位图（Portable Bitmap）	'xwd'	Windows 转储格式（X Windows Dump）
'pcx'	PC 画笔位图（Paintbrush）		

表 25 常用图形标注命令

命令	功能
axis on/off	显示/取消坐标轴
xlabel('option')	x 轴加标注,option 表示任意选项
ylabel('option')	y 轴加标注
title('option')	图形加标题
legend('option')	图形加标注
grid on/off	显示/取消网格线
box on/off	给坐标"加/不加"边框线

参 考 文 献

[1]Benjiamin C. Kuo Farid Golnaraghi. 自动控制系统[M]. 8 版. 汪小帆,李翔,等,译. 北京:
    高等教育出版社,2004.

[2]李友善. 自动控制原理[M]. 北京:国防出版社,1987.

[3]裴润. 自动控制原理[M]. 哈尔滨:哈尔滨工业大学出版社,2006.

[4]孔凡才. 自动控制原理与系统[M]. 3 版. 北京:机械工业出版社,2013.

[5]杨耕,罗应立,等. 电机与运动控制[M]. 北京:清华大学出版社,2006.

[6]胡寿松. 自动控制原理[M]. 北京:国防工业出版社,1984.

[7]黄忠霖. 控制系统 MATLAB 计算及仿真[M]. 北京:国防工业出版社,1986.

[8]苏金明,阮沈勇. MATLAB 6.1 实用指南[M]. 北京:电子工业出版社,2002.

[9]胡寿松. 自动控制原理习题集[M]. 北京:国防工业出版社,1990.

[10]焦斌. 自动控制原理与应用[M]. 北京:高等教育出版社,2004.